SAMMLUNG GÖSCHEN BAND 198

# GRUNDLAGEN DER ALLGEMEINEN ELEKTROTECHNIK

von

DR.-ING. OTTO MOHR
o. Prof. an der Technischen Universität Berlin

III

## SCHALTVORGÄNGE, WIDERSTANDSFORMEN MESSTECHNIK

Mit 59 Bildern und 1 Tafel

WALTER DE GRUYTER & CO.
vormals G. J. Göschen'sche Verlagshandlung · J. Guttentag, Verlagsbuchhandlung · Georg Reimer · Karl J. Trübner · Veit & Comp.

BERLIN 1956

*Für aufopferungsvolle Mithilfe*
*bei Niederschrift und Zusammenstellung*
*des Manuskripts*
*sowie der Abbildungen und Tabellen*
*bin ich meiner Frau,*
*Herrn cand. ing. Wolfgang Matthes*
*und der Sekretärin meines Lehrstuhls,*
*Frau Schulze,*
*zu herzlichem Dank verpflichtet.*

*Berlin, Sommer 1956* *O. Mohr*



Archiv-Nummer 110198
Satz und Druck von Mercedes-Druck, Berlin SW 61
Printed in Germany

## Inhalt des dritten Bandes

## Inhalt des ersten Bandes



## Inhalt des zweiten Bandes

# X. Das Schalten elektrischer Stromkreise

## 1. Die physikalischen Grundlagen und Grunderscheinungen

In einem aus Generator $G$ und Verbraucher $V$ bestehenden Stromkreis nach Bild 1 wird als *Schalter S* ein Element bezeichnet, bei dem in der idealen Form je nach der Art des gegebenen Schaltbefehles die vom Strom durchflossene Bahn entweder einen extrem hohen, im Idealfall unendlichen Widerstand oder einen extrem hohen, im Idealfall unendlichen Leitwert besitzt. Der Übergang vom Widerstand Null zum Widerstand Unendlich kann sich dabei zeitlich beliebig vollziehen. Während der Schaltzeit, d. h. während des Übergangs zwischen den Schalterwiderständen Null oder nahe Null und Unendlich oder sehr groß und umgekehrt, tritt bei Gleich- und Wechselstrom im allgemeinen ein Leistungsumsatz auf, da der Strom im Gesamtkreis in jedem Augenblick durch die Summe von Schalter- und Verbraucherwiderstand gegeben ist. Bei Wechselstrom wäre theoretisch der Übergang zwischen den Grenzlagen über Blindwiderstände möglich, jedoch sind solche Bauformen technisch nicht ohne weiteres zu verwirklichen. Sieht man Generator-, Leitungs- und Verbraucherwiderstand als Innenwiderstand der Quelle, den veränderlichen Widerstand am Schalter beim Übergang vom geschlossenen zum geöffneten Zustand als Außenwiderstand der Schaltung an, dann erfolgt der maximale Leistungsumsatz im Schalter bei Widerstandsanpassung (siehe Abschnitt VII, Bd. II, Seite 44), d. h. dann, wenn der Quotient der Spannung durch den Strom am Schalter gleich der Summe der übrigen Widerstände im Kreis st. Soll die im Schalter beim Schaltvorgang umgesetzte Arbeit möglichst klein sein, dann muß der Zeitraum, in dem eine Widerstandanpassung gegeben ist, möglichst kurz gehalten werden.

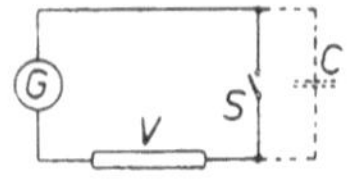

Bild 1. Der Schalter im Stromkreis

Allein ausgehend von den elektrischen Anforderungen an einen Schalter in seinen beiden Endlagen kann man den technischen Aufwand durch den vom geschlossenen Schalter geführten Strom und durch die am geöffneten Schalter liegende Spannung kennzeichnen, deren Produkt in dem einfachen Kreis nach Bild 1 gleich dem Leistungsumsatz im Verbraucher *V* ist. Wenn auch am Schalter selbst im Idealfall eine Leistung als physikalische Größe nicht auftritt, so spricht man doch zur Kennzeichnung der vom Schalter erfüllten Aufgabe unter Hinzunahme weiterer Festlegungen bei dem Produkt aus zu- oder abgeschaltetem Strom und vorher vorhandener oder danach „wiederkehrender" Spannung von der sogenannten „*Schaltleistung*".

Ein idealer Schalter ist auch bei Gleichstrom und bei Vernachlässigung aller Strom- und Spannungsänderungen im Kreis durch den eigentlichen Schaltvorgang nicht denkbar, weil die vom Strom durchflossenen Schalterelemente immer einen endlichen, wenn auch kleinen Widerstand aufweisen und weil im ausgeschalteten Zustand die Schalterpole über isolierende mechanische Trägerelemente miteinander verbunden sind, die einen hohen, aber doch nur endlichen Widerstand bilden, über den auch bei geöffnetem Schalter ein Leckstrom fließt. Bei Wechselstrom kommen Ströme und Spannungsabfälle hinzu, die durch die Induktivitäten in der Strombahn und die Kapazitäten zwischen den Schalterpolen bedingt sind.

Zum Trennen und Schließen von Stromkreisen werden bei praktisch allen Schalterausführungen punkt- oder flächenförmige Berührungskontakte zwischen meist metallischen, manchmal auch aus Kohle bestehenden Festkörpern hergestellt oder aufgehoben. Zur Erläuterung der physikalischen Vorgänge werden im folgenden der Mechanismus der Stromleitung zwischen 2 unter entsprechendem Auflagedruck liegenden metallischen Kontakten betrachtet und die Übergangsvorgänge erläutert, die auftreten, wenn die Kontaktstücke voneinander abgehoben oder aus einem gewissen Abstand heraus einander genähert, in Berührung gebracht und schließlich aufeinander gepreßt werden.

Zwei aufeinander aufliegende metallische Oberflächen nach Bild 2 links berühren sich auch bei großem Anpreßdruck $P$ nur in einzelnen mehr oder minder großen Flächengebieten. Die im massiven Metall parallel laufenden Stromfäden ziehen sich an diesen Berührungsstellen, wie dargestellt, zusammen. Die Größenordnung der an einem solchen Kontakt liegenden Spannungswerte bei Strömen bis etwa $10^3$ A beträgt, wie im Bild 2 angegeben, maximal etliche mV.

Nimmt der Anpreßdruck $P$ der Kontaktstücke ab, dann verkleinern sich, wie in Bild 2 Mitte dargestellt, die einzelnen Berührungsflächen, manche verschwinden. Der Spannungs-

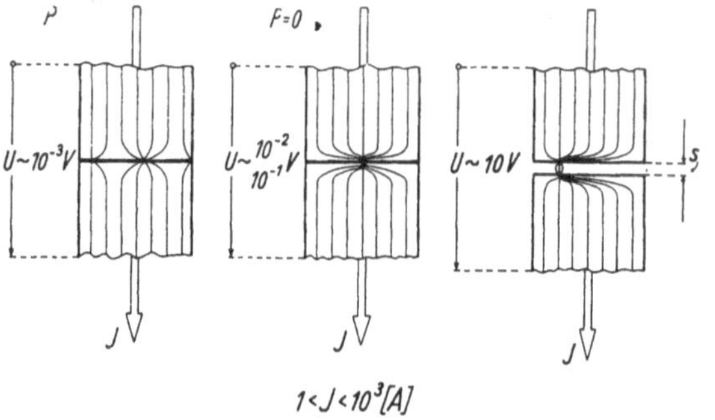


Bild 2. Öffnung eines Schalterkontaktes

abfall steigt gegenüber den zuerst genannten Werten auf das etwa 10- bis 100-fache an. Die Kontraktion der Stromfäden an den verbleibenden Berührungsstellen nimmt sehr stark zu. Die Erhöhung des Übergangswiderstandes zwischen den Kontaktoberflächen führt an den verbleibenden Berührungsstellen zu örtlichen starken Erhitzungen, die Oxydationsvorgänge einleiten oder sogar das Kontaktmaterial zum Schmelzen und damit zum Verschweißen bringen können. Der Kontakt „schmort".

Die beschriebenen Vorgänge bei Abnahme des Kontaktdruckes leiten ein zu den Erscheinungen bei der Kontakttrennung auf den Kontaktabstand $s$ nach Bild 2 rechts.

Kann die Spannung zwischen den Kontakten (sei es durch die im Kreis dauernd wirksamen Spannungsquellen, sei es durch die in Induktivitäten durch die zeitlichen Änderungen des Stromes entstehenden Spannungen), evtl. auch nur für kurze Zeit auf mehr als etwa 10—15 V ansteigen, dann bildet sich bei Stromstärken oberhalb von etwa 0,5 A bei der Trennung der Kontakte ein *Lichtbogen* mit Spannungswerten von 10—15 V bei kleinen Kontaktabständen, die bei großen Lichtbogenlängen bis auf mehrere kV ansteigen können. Der mit dem Minuspol der Spannungsquelle verbundene Kontakt wird Kathode und der Kathodenfleck des Lichtbogens heizt die Kontaktoberfläche bis zum Schmelzen und Verdampfen auf. Auch am Gegenkontakt, der Anode, treten ebenso wie in der Gasstrecke starke Wärme- und Lichtwirkungen auf. Der Strom fließt im Kreis so lange weiter, bis der Lichtbogen auf Grund der gegebenen elektrischen oder physikalischen Bedingungen erlischt.

Ist bei der Trennung der Kontakte die an diesen auftretende Spannung kleiner als etwa 15 V, so kommt es meist nicht zur Bildung eines Lichtbogens. Aber selbst wenn dann an der Schaltstrecke nur geringe Leistungen umgesetzt werden, treten auch bei zu schaltenden Strömen in der Größenordnung von etwa $10^{-3}$ A an der letzten punktförmigen Berührungsstelle der Kontakte so hohe Stromdichten auf, daß ein Schmelzen des Materials möglich ist. Hierdurch wird unter gewissen Umständen eine *Wanderung des Kontaktmaterials* begünstigt, die bei großen Schalthäufigkeiten an der einen Elektrode kleine grübchenartige Vertiefungen, an der anderen entsprechende kegelförmige Aufsätze entstehen läßt.

Sind die Voraussetzungen für eine Lichtbogenbildung nicht gegeben oder der beim Schalten entstandene Lichtbogen erloschen, dann liegt an den geöffneten Kontakten die Spannung, die sich für die gegebene Schaltung unter Berücksichtigung des zeitlichen Ablaufs der sogenannten Ausgleichsvorgänge aus dem 2. Kirchhoffschen Gesetz ergibt. Berücksichtigt man die in Bild 1 gestrichelt dargestellte Kapazität zwischen den Kontaktelementen und den zugehörigen Zuleitungen oder vergrößert man dieselbe künstlich durch einen parallel geschalteten Kondensator, dann steigt z. B. in einem Gleichstromkreis die Spannung an den Kontakten nur in dem Maße an, wie der durch die Kontakte repräsentierte oder ihnen parallel geschaltete Kondensator über den Verbraucher als Widerstand aufgeladen wird.

Bei allmählicher Annäherung der Kontaktflächen tritt eine Stromführung erst ein, wenn die anliegende Spannung die Gasstrecke zu durchschlagen vermag. Die elektrische Arbeit, die durch die dann entstehende Entladung an den Kontaktoberflächen und in der dazwischenliegenden Gasstrecke in Form von Wärme frei wird, kann wiederum dadurch klein gehalten werden, daß die Dauer des Vorganges durch schnelles Zusammenführen der Kontakte auf ein Mindestmaß beschränkt wird. Aber selbst wenn die bei der Annäherung der Kontaktflächen im Durchschlag und in der Entladung umgesetzte Arbeit vernachlässigbar ist, müssen doch die außerordentlich hohen spezifischen Leistungen an den ersten Berührungspunkten bei der zuerst sehr starken Kontraktion der Stromfäden berücksichtigt werden. Wenn auf die beiden zur Berührung gebrachten Kontakte nicht in kurzer Zeit ein entsprechender Kontaktdruck ausgeübt wird oder wenn gar Prellerscheinungen auftreten, dann können die damit ausgelösten lokalen Schmelzvorgänge leicht in Verbindung mit der anschließenden Anpressung zur Verschweißung führen.

Von den geschilderten physikalischen Erscheinungen sind die folgenden, bei jedem praktischen Einsatz von Schaltern auftretenden Vorgänge besonders wichtig:

1. Bei der Trennung der Kontakte tritt eine vorübergehende weitere Aufrechterhaltung der Stromführung durch Lichtbogenbildung und durch den damit entstehenden Leistungsumsatz eine Veränderung oder Zerstörung der Kontaktoberflächen auf.

2. Bei der Schließung müssen die Kontaktoberflächen schnell zusammengebracht und möglichst bald unter den dem fließenden Strom entsprechenden Kontaktdruck gesetzt werden, um ein Zusammenschweißen zu verhindern.

## 2. Schaltvorgänge, Schalterentlastung und Schalterausführungen für Gleichstrom

Die Vorgänge bei der Trennung zweier Kontakte in einem Gleichstromkreis sind in Bild 3 in ihrem zeitlichen Verlauf unter Verwendung der bereits in Bild 2 benutzten Bezeichnungen für den Anpreßdruck $P$, den Kontaktabstand $s$ sowie für die Augenblickswerte des Stromes $i$ und der Spannung $u$ schematisch in Abhängigkeit von der Zeit $t$ dargestellt. Als erstes geht, beginnend mit dem Schaltbefehl „Öffnung“,

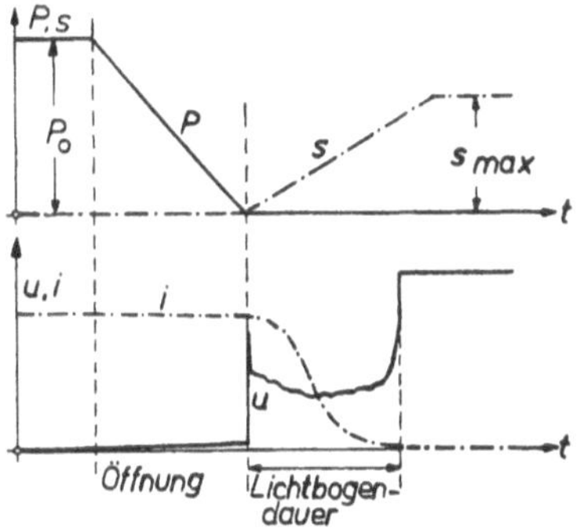


Bild 3. Abschalten eines Gleichstrom-Kreises

der Anpreßdruck $P$ zwischen den Kontakten von seinem Anfangswert $P_0$ auf Null herunter, anschließend beginnt der Kontaktabstand $s$ stetig zu wachsen. Im Stromkreis sei außer Ohmschen Widerständen in Übereinstimmung mit den meisten praktischen Fällen auch eine gewisse Selbstinduktion $L$ enthalten. Diese verhindert bei der Trennung der Kontakte eine sofortige Stromänderung, unterstützt vor allem bei der beim Zündvorgang des Lichtbogens auftretenden Spannungsspitze die treibende Spannung des Generators im Kreis, besonders wenn diese niedrig ist, und verhindert schließlich alle plötzlichen Änderungen des Stromes, der während der Dauer des Lichtbogens allmählich auf Null abfällt. Die an der

Trennstelle zur Aufrechterhaltung des Lichtbogens anstehende Spannung ist durch unregelmäßige Bewegungen des Lichtbogens und seiner Fußpunkte fortlaufend plötzlichen Änderungen unterworfen und fällt zuerst schwach ab, weil durch die Wärmeentwicklung an den Fußpunkten und im Plasma die zur Aufrechterhaltung der Entladung erforderliche Leistung absinkt. Da während der gleichen Zeit der Strom im Kreise stark heruntergeht, wird das thermische Gleichgewicht der Entladung gestört und die Spannung steigt am Ende der Lichtbogenperiode wieder an, weil die Länge der Entladungssäule durch Kontakt- und Bogenbewegungen zunahm. Damit haben sich die Bedingungen für das Weiterbestehen des Lichtbogens verschlechtert. Das macht sich durch Vergrößerung der auftretenden Spannung bemerkbar. Schließlich reißt der Lichtbogen ab, weil der Entladungsmechanismus bei den gegebenen Strom- und Spannungswerten nicht mehr weiterbestehen kann, der Strom wird zu Null und die Spannung geht sprunghaft auf den Wert der Generatorspannung im Kreis über. In vielen Fällen ist zu diesem Zeitpunkt der Kontakthub noch nicht beendet, sondern der Abstand $s$ steigt noch bis zu dem konstruktiv festgelegten vollen Kontakthub $s_{max}$ an.

Bei kleineren Leistungen im Kreis kann man die Spannungsspitze im Augenblick der Kontakttrennung, die das Zünden des Lichtbogens erheblich begünstigt, dadurch abbauen, daß man der Schaltstrecke eine Kapazität parallel schaltet. Beim Einschalten eines solchen Kreises, der in der gestrichelten Anordnung in Bild 1 bereits skizziert wurde, erfolgt dann aber über die schließenden Kontakte die Entladung des Kondensators und damit evtl. eine Verschweißung in mikroskopischen Dimensionen. Deswegen wird in dieser Schaltung mit dem Kondensator üblicherweise ein Widerstand in Reihe geschaltet.

Eine Ausführungsform einer beliebten Hilfe zur Verringerung der Schaltleistung an den Kontakten ist in Bild 4 gekennzeichnet. Durch die Bewegung des Kontaktes $C$, der bei geschlossenem Schalter auf dem Gegenkontakt $A$ aufliegt, dann beim Öffnen zuerst $A$ und $B$ berührt, und sich schließlich zuerst von $A$ und dann auch von $B$ trennt, wird hier in den

Stromkreis für kurze Zeit ein im Schalter eingebauter Widerstand $R_z$ eingefügt. An der ersten Trennstelle $A$ tritt dabei im wesentlichen die Spannung auf, die durch den fließenden Strom multipliziert mit $R_z$ gegeben ist. Durch das Einschalten von $R_z$ wird nach dem Erlöschen eines ersten Lichtbogens zwischen den Kontakten $A$ und $C$ der Strom im Kreis erheblich reduziert, so daß an der endgültigen Unterbrechungsstelle zwischen $B$ und $C$ nur eine wesentlich geringere Schaltleistung auftritt. Beim Einschalten verlaufen die Vorgänge in umgekehrter Reihenfolge, wobei es sich für manche Verbraucher günstig auswirkt, daß sie zuerst über den Vorwiderstand $R_z$ eingeschaltet und erst mit einiger Verzögerung an die volle Generatorspannung gelegt werden.

Bei mittleren und hohen Leistungen richten sich die Bemühungen darauf, den Lichtbogen in die Länge zu ziehen und gleichzeitig intensiv zu kühlen. Mit einem Vorkontakt ähnlich Bild 4 schaltet man statt des dort gezeichneten Widerstandes häufig eine Spulenanordnung ein, deren Magnetfeld damit vom Hauptstrom selbst hervorgebracht wird und senkrecht zur Bahn des Lichtbogens so gerichtet ist, daß es dessen Fußpunkte aus dem Bereich der Kontakte heraus auf sogenannte Lichtbogenhörner bewegt. Durch die Verlängerung des Lichtbogens, die damit eingeleitete schnelle Wanderung der Fußpunkte auf kalten Metalloberflächen und evtl. zusätzlich durch das Einführen des Lichtbogens zwischen wärmeabführende metallische Flächen läßt sich eine intensive Kühlung und dadurch ein schnelles Erlöschen des Lichtbogens erreichen.

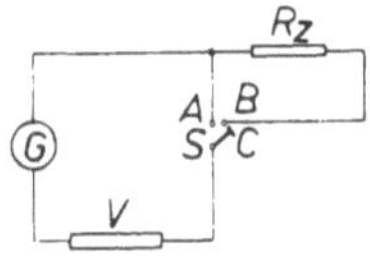

Bild 4. Schalten mit Schaltwiderstand

Die höchste funktionelle Leistungsfähigkeit wird von einem Schalter bei der Abschaltung eines Kurzschlusses verlangt. Der Strom im Kreis steigt dann durch die Überbrückung des Verbraucherwiderstandes auf das Vielfache des Betriebsstromes an. Außer dem Generator und den Übertragungsleitungen muß vor allem auch die Kurzschlußstelle selbst vor den Auswirkungen der außerordentlich hohen umgesetzten elektrischen Leistungen geschützt, d. h. der Kurzschluß schnell abgeschaltet werden. Dabei kann man auch in Gleichstromkreisen immer voraussetzen, daß die Induktivitäten im Kreis dem Strom nur eine häufig zwar sehr große, aber durchaus endliche maximale Stromanstiegsgeschwindigkeit gestatten, die in Grenzfällen bei etwa $10^6$ A/s liegen kann. Um die Auswirkungen an der Kurzschlußstelle selbst (Wärmeentwicklung, Schmelzerscheinungen, Lichtbogenbildung) möglichst klein zu halten, setzt man sogenannte *Schnellschalter* ein, bei denen der Abschaltvorgang bereits durch die hohe Anstiegsgeschwindigkeit des Kurzschlußstromes, d. h. lange vor dem Erreichen des theoretischen stationären Endwertes des Stromes eingeleitet wird. Diese Aufgaben erfordern eine so schnelle mechanische Funktion des Schalters und der Lichtbogenlöschung, daß zwischen Eintritt des Kurzschlusses und Unterbrechung des Kreises nur Zeiten von höchstens einigen ms liegen.

### 3. Das Schalten von Wechselströmen

In den der Verteilung elektrischer Energie dienenden elektrischen Anlagen und Netzen müssen Wechselstromkreise teilweise im Bereich außerordentlich hoher Schaltleistungen vielfach häufiger als Gleichstromkreise geschaltet werden. Die grundsätzliche Vereinfachung beim Schalten eines Wechselstromkreises liegt darin, daß der Strom über die Schaltstrecke nach jeweils einer halben Periode von selbst durch Null geht.

In Bild 5 ist der zeitliche Verlauf bei der Unterbrechung eines Wechselstromkreises durch einen Schalter aufgezeichnet, wobei in Übereinstimmung mit der Mehrzahl der praktischen Fälle der Verbraucher einen Strom mit erheblicher induktiver Phasenverschiebung führt. Zum Zeitpunkt $A$ wird der Schaltbefehl „Öffnung“ gegeben, zum Zeitpunkt $B$ heben die Kontakte voneinander ab und der Lichtbogen setzt in einem durch den zufälligen Zeitpunkt der Schalterauslösung gegebenen Phasenpunkt der Stromkurve ein. Die Stromkurve selbst wird durch das Auftreten des Lichtbogens in ihrer Form zuerst nur unwesentlich beeinflußt. Die sich fortlaufend in ihrer Größe erheblich ändernde „unruhige“ Lichtbogenspannung hat jeweils am Anfang und Ende der Halbwelle bei dem dort stark verminderten Strom hohe Spitzenwerte. Nach einer oder mehreren Halbwellen vermag die hinter dem Stromnulldurchgang auf den Momentanwert der Generatorspannungskurve anspringende Spannung an den Schalterkontakten den Lichtbogen nicht mehr neu zu zünden, und damit ist die Abschaltung dann ausgeführt. Das Anwachsen der Zünd- und Brennspannungen zwischen den Kontakten mit steigender Lichtbogenlänge ist in den einzelnen Halbwellen in Bild 5 bewußt vergrößert dargestellt.

Mit dem Ziele, ein schnelles Abschalten und eine Verkleinerung der im Schalterlichtbogen umgesetzten Arbeit zu erreichen, sucht man durch geeignete Schalterkonstruktion und

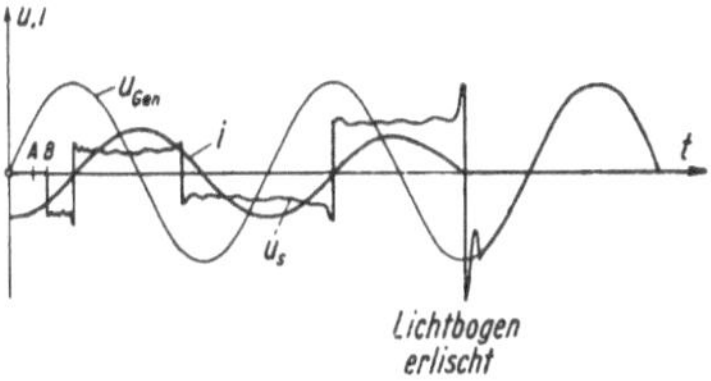


Bild 5. Abschalten eines Wechselstrom-Kreises

Lichtbogenführung dessen Wiederzündung nach jeder Stromhalbwelle zu erschweren und evtl. die erforderliche Brennspannung an der Strecke so anwachsen zu lassen, daß eine Stromhalbwelle zu irgendeinem Zeitpunkt abgeschnürt wird. Dieses Bemühen darf aber bei den praktischen Ausführungen solcher Schalter nicht gar zu weit getrieben werden. Relativ kleine Ströme mit starker induktiver Phasenverschiebung müssen von Hochspannungschaltern bewältigt werden, wenn leerlaufende Transformatoren abgeschaltet werden. Der in diesen fließende Strom ist, solange er noch besteht, der Träger einer magnetischen Energie, wie es bei der Darlegung der Verhältnisse an der Selbstinduktion beschrieben wurde. Ein kurzfristiges Abschnüren des Stromes bedeutet in einer solchen Anordnung, daß die ihr innewohnende magnetische

Energie schnell, d. h. mit dem Auftreten sehr hoher Spannungen abgebaut wird, die das Gerät und die Isolation anderer Anlagenteile gefährden. Aus diesem Grunde darf die stromreduzierende Wirkung der ansteigenden Lichtbogenspannung am Schalter nicht allzu weit getrieben werden. Ähnlich liegende Gefahren treten beim Wiederzünden eines Schalters durch die nach dem Erlöschen des Lichtbogens wiederkehrende Spannung auf, wenn der Schalter einen vorwiegend aus Kapazitäten bestehenden Kreis abzutrennen hat, z. B. bei der Abschaltung leerlaufender Hochspannungsfreileitungen und Kabelstrecken. Auf die Einzelheiten dieses für die Schaltung großer Kondensatorbatterien wichtigen Falles kann hier nicht eingegangen werden.

Schalter für Wechselströme werden für Betriebsstromstärken bis zu 10 000 A und darüber und für Kurzschlußströme bis etwa 100 000 A und mehr bei Betriebsspannungen bis zu mehreren 100 kV gebaut. Die Aufgabe der *Lichtbogenlöschung* ist bei der ganzen historischen Entwicklung für die konstruktive Gestaltung bestimmend gewesen. Bereits bei den ersten für hohe Spannungen gebauten Schaltern wurde der Schaltvorgang unter Öl vorgenommen, weil dessen höhere elektrische Festigkeit eine Verkleinerung der notwendigen Abstände erlaubte. Später wurde die für den Löschvorgang des Lichtbogens wichtige Tatsache erkannt, daß der Lichtbogen im Öl Gase bildet, deren Entstehung, Vorhandensein und vor allem Bewegung gegenüber der Entladungsbahn für den Mechanismus der Löschung sehr wichtig ist. Die ursprünglich in diesen Ölschaltern verwendeten großen Ölmengen sind insbesondere bei den deutschen Konstruktionen in den letzten Jahrzehnten mehr und mehr verschwunden (ölarme Schalter). Durch sorgfältige Ausbildung der sogenannten Löschkammern, in denen unter Öl der Lichtbogen entsteht und durch Gas, Flüssigkeit und Bewegung dann gekühlt und entionisiert wird, konnte zur Verminderung der Brandgefahr das Ölvolumen auf einen Bruchteil des früher üblichen reduziert werden.

Eine besonders wirksame Löschung des Lichtbogens ist durch eine plötzliche Expansion des durch den Lichtbogen erzeugten Gasvolumens möglich. Dieser Gedanke wird im sogenannten Expansionsschalter verwirklicht, den man grundsätzlich auch mit Wasser als Löschflüssigkeit betreiben könnte. Von der Verwendung von Wasser muß man aber wegen der Gefahr des Einfrierens bei Aufstellung der Schalter im Frelen absehen. Statt dessen werden Spezialflüssigkeiten benutzt.

Eine intensive Kühlung und Entionisierung eines brennenden Lichtbogens ist durch Beblasen mit Preßluft möglich. Sorgt man dafür, daß bereits kurz nach Trennung der Kontakte die zugeführte Luft im ganzen Raum zwischen und um die Kontakte unter erhöhtem Druck steht, dann nutzt man gleichzeitig die mit dem Druck steigende Durchschlagsfestigkeit der Luft aus. Dazu werden im sogenannten Druckgasschalter die Kontakte aus einem direkt am Schalter liegenden Luftreservoir über geeignete Ventile entsprechend beblasen, so daß eine Unterbrechung des Stromkreises schon bei relativ geringen Kontaktabständen eintritt, die bei Atmosphärendruck noch keine Überschlagssicherheit gegenüber der anliegenden Spannung bieten würden. Der Kontaktabstand wächst aber dann nach der eigentlichen Abschaltung noch weiter, so daß die Schaltstrecke in der Ruhelage der Kontakte bei Atmosphärendruck eine ausreichende elektrische Festigkeit besitzt. Bei einer Sonderbauform dieser Schalter, den sogenannten Hartgasschaltern, wird das zum Beblasen der Strecke erforderliche Gas nicht aus einem Vorratsbehälter entnommen, sondern durch den Lichtbogen selbst chemisch aus der inneren Oberfläche eines den Bogen umgebenden Kunststoffrohres ausgelöst.

### 4. Die Betätigung von Schaltern

Eine sehr große Zahl von Schaltvorgängen in elektrischen Kreisen wird vom Menschen selbst durch direkte Handbetätigung der Schalter vorgenommen. Druckknöpfe und verwandte Betätigungselemente gehen dabei von sich aus nach Loslassen wieder in die Ruhelage zurück, Dreh- und Kippschalter müssen jeweils zur Änderung des Schaltzustandes betätigt werden. Bei kleinen Schaltleistungen können die schaltenden Kontakte direkt bewegt werden, sofern eine schleichende Kontaktgabe oder -öffnung bei den elektrischen Werten an der Schaltstrecke dort keine Störungen hervorruft. Bei höherer Leistung, bereits bei den üblichen Spannungen in den Verteilungsanlagen für elektrische Energie, ordnet man aber zwischen dem Betätigungselement und den Schalterkontakten ein Zwischengetriebe an, das unabhängig von dem zeitlichen Verlauf der Betätigung die Schalterkontakte, häufig vor allem in der Ausschaltrichtung, sprunghaft bewegt.

In den zentralen Anlagen für die Verteilung der elektrischen Energie unterscheidet man *Leistungs- und Trennschalter*. Die Leistungsschalter erfüllen bei ihrer Betätigung die Forderungen, die hinsichtlich des Schaltvorganges bei der Ein- und Ausschaltung, mit Grenzleistungen beim Kurzschluß bereits in den ersten beiden Abschnitten dieses Kapitels beschrieben wurden. Ihnen gegenüber sind Trennschalter Bauelemente, mit denen Anlagenteile, z. B. kurze Leitungen, Meßgeräte, Sammelschienenabschnitte etc. von spannungsführenden Quellen abgetrennt werden unter der Voraussetzung, daß kein Belastungsstrom fließt. Bei Trennschaltern entfallen damit die Forderungen, die mit Lichtbogenbildung, Lichtbogenlöschung und ähnlichem zusammenhängen.

Bei größeren Leistungen sind die zur Schalterbetätigung erforderlichen Kräfte und Leistungen bzw. die zum Laden von Energiespeichern zu leistenden Arbeiten vom Menschen nicht mehr aufzubringen. Die Erteilung von Schaltbefehlen muß außerdem häufig in Abhängigkeit irgendwelcher Vorgänge oder z. B. bei Kurzschlüssen und anderen Gefahrenzuständen automatisch erfolgen können. Außer Speichern (Federkraft, Druckluft) müssen Hilfsenergieträger (mechanisch, hydraulisch, pneumatisch und vor allem auch elektrisch) zur Schalterbetätigung im Bereich der „*elektrischen Steuerungstechnik*“ eingesetzt werden.

Bei den hier allein zu erörternden Schaltern gibt es, analog zu den Möglichkeiten bei der direkten Handbetätigung, zwei in der Betätigungsfunktion zu unterscheidende Bauformen. Verklinkte Schalter sind Geräte, bei denen die Kontakte im offenen oder geschlossenen Zustand durch entsprechende mechanische Hilfsmittel festgehalten und die Bewegungen jeweils durch entsprechende Auslösebefehle veranlaßt werden. Die für die Betätigung großer Schalter erforderlichen Antriebsleistungen werden aus Speichern entnommen (Druckluftkessel, Feder- oder Gewichtsspeicher und ähnliche). Die Speicher werden außerhalb der Betätigungszeiten über Kompressoren bzw. Motorantriebe erneut aufgeladen und arbeitsbereit gemacht.

Unverklinkte Schalter sind Geräte, die ohne äußere Energiezufuhr (in Form von Druckluft oder elektrischem Strom) in eine Endlage, meistens die Ausschaltstellung, gehen, während zum Einschalten und für die Dauer der Einschaltung die Hilfsenergie dauernd zur Verfügung gestellt werden muß. Sie werden elektrisch meist über Hubmagnete betätigt und dann als Schützen oder Relais bezeichnet.

Der einfache Schaltkontakt, wie er in Bild 1 gezeichnet wurde, ist nur bei den wenigsten technischen Schaltgeräten für sich allein vorhanden. In der Mehrzahl der Fälle wird der Stromkreis in Hin- und Rückleitung oder bei Drehstrom in allen 3 Phasen unterbrochen, die Schalter also mehrpolig ausgeführt. Besonders in größeren Schaltanlagen werden Betätigungen, Verriegelungen und Rückmeldungen zu den Stellungen der Schalter über Hilfskontakte vermittelt, die mit den Hauptkontakten direkt, manchmal auch über Zwischenglieder gekuppelt sind. Bei allen Schalterkontakten unterscheidet man dabei nach Bild 6 *Arbeits-*, *Ruhe- und Umschaltkontakte.* Arbeitskontakte werden bei der Betätigung des Schalters geschlossen, Ruhekontakte geben bei Nichtbetätigung, d. h. in der Ruhelage, Durchgang für den Strom zwischen ihren Anschlußpunkten. Umschaltkontakte verbinden einen Anschlußpunkt in Ruhe- und Arbeitslage wechselnd mit 2 verschiedenen Gegenkontakten. Bei Um-

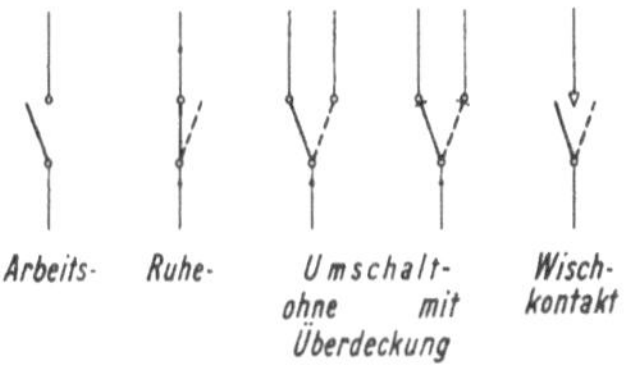


Bild 6. Darstellung von Hilfskontakten

schaltkontakten mit Überdeckung besteht bei der Umschaltung kurzzeitig die Verbindung zu beiden Ausgangspunkten und damit eine direkte Verbindung zwischen den letzteren. Eine Sonderbauform sind die Wischkontakte, die eine elektrische Verbindung nur für kurze Zeit während des Wechsels der Schaltstellung herstellen.

### 5. Schutzschalter und Sicherungen

Schaltgeräte werden im Bereich elektrischer Anlagen außer zur willkürlichen Ein- und Ausschaltung der Stromkreise auch zum Schutz der stromdurchflossenen Bauelemente benutzt. Meist dienen dieser Aufgabe verklinkte Schalter, die mechanisch direkt oder über Steuerkreise ausgelöst werden können, wenn eine Gefährdung des über den Schalter gespeisten Gerätes, z. B. durch Überbelastung, Defekt, übermäßige Erwärmung und ähnliches vorliegt. Die die Gefährdung anzeigenden Elemente wirken über einen elektrischen Steuerkreis oder durch direkten Eingriff in den mechanischen Verklinkungsmechanismus.

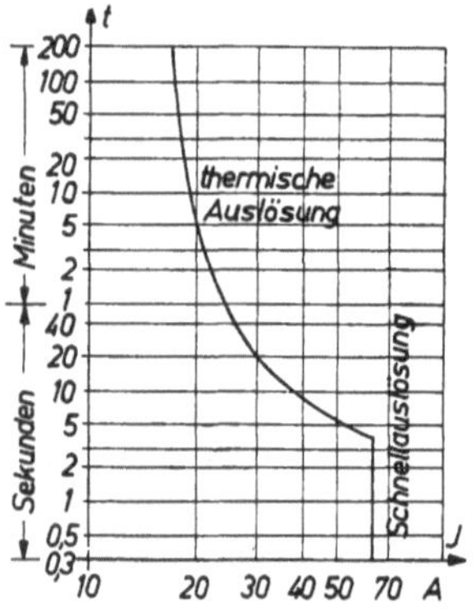

Bild 7. Beispiel einer Auslösekennlinie

In sehr vielen Fällen kann der über den Schalter fließende Strom zur Anzeige dafür benutzt werden, ob eine Gefährdung für die im Kreis liegenden Teile besteht (Überstromschalter). Als Extremfall benutzt man für die Auslösung bei Kurzschlüssen hinter dem Schalter sehr schnell arbeitende magnetische Auslöser (siehe die Darlegungen über Schnellschalter auf Seite 14). In größeren elektrischen Maschinen und Transformatoren, außerdem aber auch in Kabeln und ähnlichen Bauteilen ist eine Gefährdung bereits bei länger dauerndem Betrieb mit einer den Nennwert übersteigenden Stromstärke gegeben. Kurz dauernde Überlastungen innerhalb gewisser Grenzen bewirken wegen der den Änderungen des Betriebsstromes mit Verzögerung folgenden Übertemperaturen nur Beanspruchungen, die z. B. beim Motoranlauf zugelassen werden müssen. Für diese Aufgaben benutzt man thermische Abbilder der zu schützenden Geräte in der Form, daß der fließende Strom ein Auslösergerät aufheizt, dessen thermische Zeitkonstanten etwa denen des zu schützenden Apparates entsprechen. Bei dem üblicherweise mit solchen thermischen Auslösern direkt ausgerüsteten Schaltern für Motoren durchfließt der Strom einen Bimetallstreifen (2 Blechstreifen verschiedener Ausdehnungskoeffizienten, die aufeinander liegend durch Walzen unter hohem Druck in warmem Zustand innig miteinander verbunden sind), der sich bei zunehmender Erwärmung krümmt und eine Auslösung des Schalters bewirken kann. Für derartige Anordnungen ist die Zeit, nach der eine Auslösung erfolgt, etwa nach einer in Bild 7 schematisch dargestellten Kurve von dem über dieses Auslöseglied fließenden Strom abhängig, d. h. bei großen Strömen löst der Schalter in kurzer Zeit aus, bei geringen Überströmen erst nach verhältnismäßig langen Zeiträumen.

Eine gleiche Kennlinie wird auch bei den in den üblichen Versorgungsnetzen in großer Zahl eingesetzten Sicherungen angestrebt. Diese werden häufig als automatische Schalter ausgeführt, die meistens mit einer unverzögerten Auslösung durch ein magnetisches Glied und besonders in Maschinenstromkreisen zusätzlich mit einem thermischen verzögert wirkenden Schutz ausgerüstet sind, der gewisse kurzzeitige Überlastungen im Kreis erlaubt.

Die gleiche Aufgabe wird in einer großen Anzahl von Fällen durch die sogenannten Schmelzsicherungen erfüllt. Bei diesen ist in die Strombahn ein meist aus Silber bestehender Schmelzstreifen eingebaut, der durch den Betriebsstrom bereits relativ hoch erwärmt wird. Eine Überschreitung des Nennstromes oder gar der wesentlich höhere Kurzschlußstrom bringen den Streifen in kurzer Zeit zum Schmelzen und unterbrechen damit die Strombahn. Die entstehenden metallischen Dämpfe werden in den meisten Fällen durch Einbettung des Leiters in Quarzsand von diesem aufgenommen und durch das gleiche Mittel wird der beim Abschmelzen auftretende Lichtbogen durch intensive Kühlung an der großen Oberfläche der Sandkörner sehr schnell zum Erlöschen gebracht. Naturgemäß haben auch diese Sicherungselemente eine Auslösestrom-Zeit-Kennlinie, die durch geeignete thermische Gestaltung der gesamten Anordnung in relativ weiten Grenzen beeinflußt werden kann. Für Leistungsabschaltungen werden Schmelzsicherungen meist nur in Niederspannungskreisen verwendet, in Hochspannungskreisen dienen sie hauptsächlich zur Absicherung von Anlageteilen, die nur geringe Leistungen entnehmen, wie z. B. von Meßwandleranordnungen oder gelegentlich von kleinen Leistungstransformatoren.

## XI. Die Bauformen von Ohmschen Widerständen, Induktivitäten und Kapazitäten

### 1. Die technischen Probleme bei Konstruktion und Aufbau von Ohmschen Widerständen

Im wesentlichen treten je nach dem Verwendungszweck der Ohmschen Widerstände die folgenden Probleme auf:

a) Die Abführung der umgesetzten elektrischen Leistung in Form von Wärme;

b) die Isolation der einzelnen stromführenden Teile des Widerstandes gegeneinander;

c) Auswahl und Herstellung des Werkstoffes, der in der konstruktiv unterzubringenden Länge der Strombahn $l$ mit dem technisch herstellbaren Querschnitt $q$ den geforderten Widerstandswert ergibt*);

d) die Erfüllung der vorliegenden Anforderungen hinsichtlich des jeweils zugelassenen Temperaturgangs des Widerstandswertes;

e) die Herstellung phasenreiner Wirkwiderstände bei mittleren, hohen und höchsten Frequenzen, d. h. die Vermeidung kapazitiver Auswirkungen zwischen einzelnen Teilen der Strombahn und eine möglichst kleine Induktivität derselben.

---

*) siehe auch Band I, Tafel III, S. 85

Betriebsmäßig oder zum einmaligen Abgleich einstellbare Widerstände müssen außerdem mit einfachen Mitteln in ihrer Größe innerhalb der vorgesehenen Grenzen beliebig vergrößert und verkleinert werden können.

Sollen Baugröße und Baugewicht des Widerstandes auch bei erheblichem Leistungsumsatz gering gehalten werden, dann muß die Wärmeabgabe mit hohen Übertemperaturen an die Umgebung erfolgen, d. h. die in Frage kommenden Bauteile müssen aus temperaturbeständigen Materialien hergestellt und auch für die bei wechselnden elektrischen Belastungen auftretenden Erwärmungs- und Abkühlungsvorgänge aufeinander abgestimmt sein. Werden als Widerstandsmaterialien metallische Leiter verwendet, so muß man ihre Oberfläche gegen Fortschreiten der Oxydation an der Luft schützen. Die auf geeigneten Widerstandslegierungen bei Erhitzung in Luft oder einer ausgesuchten Gasatmosphäre entstehenden Oberflächenschichten schließen den Drahtkern gegen ein Fortschreiten der Oxydation ab und sind meist auch geeignet, die auf einem Träger nebeneinander liegenden Windungen gegeneinander zu isolieren.

*Drahtwiderstände* für geringe Leistungen werden auf keramische Träger (vorzugsweise Rohre) aufgewickelt. Bei höheren Leistungen wird der Widerstandsdraht in eine auf den Träger nachträglich aufgebrachte Glasur gasdicht eingebettet. Durch guten thermischen Kontakt mit dem Leitermaterial können auch die konstruktiv tragenden Elemente mit zur Wärmeaufnahme bei der Anheizperiode herangezogen werden, so daß erhebliche Überlastungen bei kurzen Einschaltdauern durch das Wärmespeicherungsvermögen des Gesamtaufbaues möglich sind. Bei hochbelasteten Widerständen spielt meist die Temperaturabhängigkeit des Widerstandsmaterials keine entscheidende Rolle.

Keramische Halter und Träger können aus Gewichts- und Festigkeitsgründen bei Widerständen für hohe Dauerleistungen, besonders bei gleichzeitig auftretender starker mechanischer Beanspruchung, z. B. auf Fahrzeugen, nicht immer voll befriedigen. Eine volle Ausnutzung der Abstrahlungsfläche des Leitermaterials erreicht man bei Drähten und

Bändern, wenn diese frei ausgespannt werden, wobei allerdings, besonders bei den letzteren, zum Ausgleich der thermischen Ausdehnung geeignete Spannvorrichtungen vorgesehen werden müssen. Für höhere Stromstärken werden flache, mäanderförmig gegossene Elemente verwendet, die meist an den gleichen Stellen einerseits über Glimmer- oder Keramikformteile von einem Tragrahmen abgefangen und andererseits an Nachbarelemente oder Anschlußstücke zur Stromführung fest angepreßt werden. Aus Preisgründen wird meist für alle diese Zwecke Eisen als Widerstandsmaterial verwendet. Bei manchen Widerständen ist der Fall der Dauerbelastung nie gegeben und infolgedessen die dauernde Abgabe der Verlustleistung an die Umgebung nicht erforderlich. Die oben gekennzeichneten Bauformen werden dann, z. B. bei Anlassern für Motoren unter Öl verwendet, um damit die Wärmekapazität der Anordnung bei nur gelegentlich stattfindenden Anlaßvorgängen zu vergrößern.

Für Drahtwiderstände kleiner Leistungen und Dimensionen ergeben sich bei hohen Widerstandswerten nicht mehr verarbeitbare Drahtstärken. Die für diese Widerstands- und Leistungsbereiche, besonders in der Fernmelde-, Meß-, Steuer- und Rundfunktechnik sehr wichtigen Widerstandselemente werden in Europa hauptsächlich als sogenannte *Schichtwiderstände* ausgeführt, bei denen der Widerstandswerkstoff meist als Kohle aus der Gasphase auf dem keramischen Träger niedergeschlagen wird und so auch in dünnsten Querschnitten hergestellt werden kann. Zur weiteren Erhöhung der Widerstandswerte können in die den keramischen Träger ursprünglich schlauchförmig umgebende Strombahn nachträglich spiralige Nuten eingefräst und dadurch gleichzeitig der Querschnitt verkleinert und die Strombahnlänge auf ein Vielfaches vergrößert werden. Der Anschluß der Kontaktdrähte, mit denen solche Widerstände meist direkt in die Schaltungen eingelötet werden, muß sehr sorgfältig erfolgen. Die Kohleschicht ist durch ausgesuchte Lacke gegen mechanische Beschädigungen und vor allem gegen Feuchtigkeitsaufnahme aus der Umgebung zu schützen. Der Temperaturkoeffizient solcher Schichtwiderstände kann durch geeignete Modifizierung der

Kohle beim Niederschlag recht klein gehalten werden. In den Vereinigten Staaten werden für diese Einsatzbereiche in großem Umfang sogenannte Massewiderstände, d. h. Massivkörper aus schlechtleitenden, meist gebrannten Oxyden, Karbiden, u. ä. hergestellt. Auch für höhere Leistungen, z. B. zur Beheizung von Öfen werden aus Graphit, Silizium-Karbid u. a. als Massivkörper hergestellte Widerstandsstäbe verwendet und mit hohen Temperaturen betrieben. Bei der Parallelschaltung solcher Heizleiter können manchmal wegen des negativen Temperaturkoeffizienten des Widerstandes dieser Werkstoffe Schwierigkeiten auftreten, denen man durch äußere Maßnahmen begegnen muß, weil die Stromverteilung bei Parallelschaltungen instabil wird.

*Verstellbare Widerstände* sind streng genommen Kombinationen von Widerstandselementen mit geeigneten Schaltgeräten. Bei kleineren Leistungen bildet der Widerstandskörper oder Teile desselben häufig den einen Kontakt des Schaltgerätes (siehe auch den vorhergehenden Abschnitt), gegen den an wählbarer Stelle ein Gegenkontakt, ein sogenannter Schleifer, gedrückt wird. Für kleine Leistungen sind Kohleschleifer auf Schichtwiderständen üblich. Bei größeren Strömen und Leistungen von einigen Watt an aufwärts verwendet man Drahtwiderstände, bei denen das Widerstandsmaterial längs der vorgesehenen Schleifbahn an der Oberfläche blank gemacht und von einem Kontakt überstrichen wird. Bei Stromstärken oberhalb von etwa 10 bis 20 A ist ein solcher Schleifkontakt häufig ein ein wenig befriedigendes Schaltelement. Für größere Ströme werden daher die Aufgaben der Schaltung von denen des eigentlichen Widerstandes getrennt.

Für sehr hohe Widerstandswerte bei kleinen Strömen sind für Laboratoriumszwecke *Flüssigkeitswiderstände* gut geeignet. Bei diesen taucht eine Elektrode in einen stark verdünnten Elektrolyten in einem Rohr verschieden tief ein. Die elektrolytischen Wirkungen bei Gleichstrom sind meist zu vernachlässigen. Für hohe Leistungen bei Wechselstrom können Flüssigkeitswiderstände deswegen gut eingesetzt werden, weil man im Umlaufverfahren oder durch Verdampfung die Wärme gut abführen kann. Derartige Widerstände, die durch Variation der Eintauchtiefe oder des Abstandes der Elektroden in der Flüssigkeit bzw. bei festen Elektrodenanordnungen durch Änderung des Flüssigkeitsstandes gegenüber den Elektrodenoberflächen in weiten Grenzen verstellbar sind, werden als Anlasser für große Maschinen bei Wechselstrom häufig benutzt.

Die Forderung nach Temperaturunabhängigkeit des Widerstandes und nach rein Ohmschem Verhalten, auch gegenüber hochfrequenten Wechselströmen und -spannungen, muß bei Meß- und Präzisionswiderständen erfüllt werden. Sie können aus Konstantan (60% Cu, 40% Ni) oder Manganin (86% Cu, 12% Mn, 2% Ni) hergestellt werden, 2 Legierungen, bei denen sich der Widerstand in einem Temperaturbereich z. B. zwischen etwa 0 und 100° um weniger als 1% ändert. Ein herstellungstechnisch wesentlicher Vorteil des Konstantans gegenüber dem Manganin liegt in seiner einfacheren Verarbeitbarkeit, da die Verbindungen zu Kupferleitungen, Messingkontakten und ähnlich leitenden Teilen durch Weichlötung hergestellt werden können. Nachteilig ist die relativ hohe Thermokraft des Konstantans gegen Kupfer, aus der die Notwendigkeit folgt, Konstantan nur in elektrischen Kreisen mit wirksamen Spannungen zu verwenden, die vielfach höher als die Thermospannungen liegen. Manganin hat demgegenüber zwar eine praktisch vernachlässigbare Thermokraft gegen Kupfer und Messing, es muß aber mit diesen Materialien hart verlötet werden. Aus ihm werden heute allein die sogenannten Präzisionswiderstände hergestellt. Manganindrähte und -bänder werden hierzu auf keramische Träger gewickelt und durch hitzebeständige Lacke fixiert. Ein wesentlicher Prozeß bei der Herstellung dieser Elemente ist die anschließend erforderliche Alterung, die durch längeren Betrieb mit überhöhter Temperatur herbeigeführt wird.

Gestreckte Leiter haben eine berechenbare Selbstinduktion, die in der gewickelten Form durch die Konzentration des magnetischen Feldes noch wesentlich erhöht wird. Besonders bei Messungen mit Wechselströmen höherer Frequenz würden gewickelte Widerstände außer ihrem Ohmschen Charakter auch noch die Eigenschaften einer Selbstinduktion aufweisen. In relativ primitiver Weise kann man diesen Effekt dadurch vermeiden, daß man Hin- und Rückleitung des Widerstandsdrahtes parallel legt und beide dann gemeinsam aufwickelt, wozu die Richtungsumkehr in die Mitte der Drahtlänge gelegt wird. Nachteilig wirkt sich bei dieser sogenannten *bifilaren Wicklung* die Tatsache aus, daß die Punkte größten Spannungsunterschiedes, nämlich Anfang und Ende der gesamten Leiterlänge, direkt nebeneinander liegen und infolgedessen dort eine manchmal erhebliche Drahtisolation erfordern. Die Formen der induktivitätsfreien Wicklung wurde durch Vorschläge von Chaperon, Wagner und Wertheimer noch wesentlich weiter ausgebildet. Hierfür werden die Wicklungen in spezieller Form unterteilt und die Leitungen so geführt, daß immer Wickelelemente entgegengesetzten Wickelsinnes auf dem gemeinsamen zylindrischen keramischen Träger nebeneinander liegen.

Extrem niedrigohmige Widerstände werden für die Strommessung (siehe Abschnitt XIII., S. 72) verwendet. Da hierbei die Größe des Widerstandswertes zwischen 2 Punkten des Gerätes entscheidend ist, die genauigkeitsbestimmend in die Schaltung eingeht, erhalten solche Shunte oder Nebenwiderstände außer den beiden konstruktiv den hohen Belastungsströmen angepaßten Hauptanschlüssen an 2 genau festgelegten Punkten sogenannte Meßanschlüsse, zwischen denen genau der für das Gerät vorgeschriebene Widerstandswert vorliegt (siehe Bild 49, S. 73). Beim Einbau dieser Widerstände in den Zug der stromführenden Leitungen ist auf die Erwärmungsverhältnisse besonders Rücksicht zu nehmen, um Thermospannungen so weit möglich zu vermeiden.

## 2. Die Bauformen der Induktivitäten

Sie sind weitgehend durch die Werkstoffe und Elemente bestimmt, die der Führung des magnetischen Flusses dienen.

Bei Luftinduktivitäten wird der magnetische Fluß vorwiegend in Luft geführt. Die Träger für die aus fein unterteilten Kupferdrähten (Litzen) gewickelten Spulen bestehen aus nichtmagnetischen und nichtleitenden Werkstoffen.

Derartige Spulen werden vorzugsweise in Leistungskreisen der Hoch- und Höchstfrequenztechnik benutzt und als Zylinder- oder Flachspulen auf geeignete Träger (Hartpapierrohre oder Keramikstützen) gewickelt. Die gegenseitige Koppelung zweier solcher Spulen durch das magnetische Feld hat bei koaxialer Anordnung ihr Maximum. Das gleiche gilt auch für die Selbstinduktivität bei Reihen- oder Parallelschaltung der Spulen (siehe Bild 8). Schwenkt man die Achsrichtungen der beiden Spulen gegeneinander, dann kann man den Grad der gegenseitigen Kopplung und damit die Induktivität in weiten Grenzen stetig verändern (Bild 9, *Variometer*). Im Gegensatz zum Widerstand kann hier der Induktivitätswert ohne die Bewegung stromführender Kon-

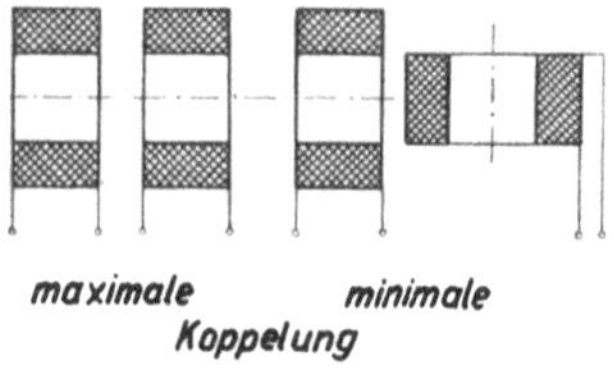


Bild 8. Veränderliche Gegeninduktivität

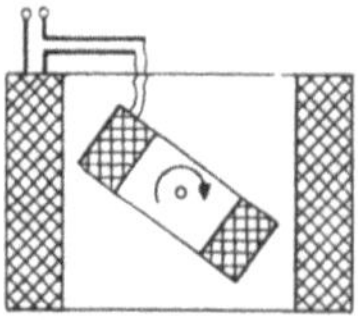

Bild 9. Variometer

taktflächen gegeneinander verstellt werden. Die gleiche konstruktive Bauform ist bei elektrischer Trennung der beiden Spulen auch als veränderliche Gegeninduktivität verwendbar, deren Gegeninduktivitätskoeffizient auf alle Werte zwischen $M$, $0$ und $-M$ eingestellt werden kann.

In der Mittel- und Niederfrequenztechnik, bei kleinen Leistungen auch in der Hochfrequenztechnik, werden Induktivitäten zur Verkleinerung des Bauvolumens und technischen Aufwands weitgehend mit Kernen ausgeführt, die den magnetischen Fluß in einen geschlossenen magnetischen Kreis führen. Ein massiver Eisenkern würde, wie Bild 10 zeigt, bei Änderung des Stromes in der umschließenden Spule als eine über den magnetischen Fluß gekoppelte Kurzschlußwindung wirken, welche die dem Spulenstrom zuzuordnenden Flußänderungen verhindern und außerdem im Kern erhebliche

*Wirbelstromverluste* hervorbringen würde. Die Kerne werden daher für niedrige und mittlere Betriebsfrequenzen aus Blechen (Stärke zwischen 0,5 und 0,05 mm) geschichtet. Die einzelnen Lagen sind durch einen Lacküberzug gegeneinander isoliert und liegen in ihrer Ebene parallel zur Flußrichtung, so daß damit durch die Blechisolation die parallel zur speisenden Strombahn entstehenden Wirbelstromstrecken unterbrochen sind (siehe Bild 11). Die geschilderte Unterteilung des Eisens muß mit steigender Frequenz immer weiter getrieben werden. Für Zwecke der Hochfrequenztechnik werden hierzu feinste Vermahlungen des Eisens hergestellt und die Eisenteilchen

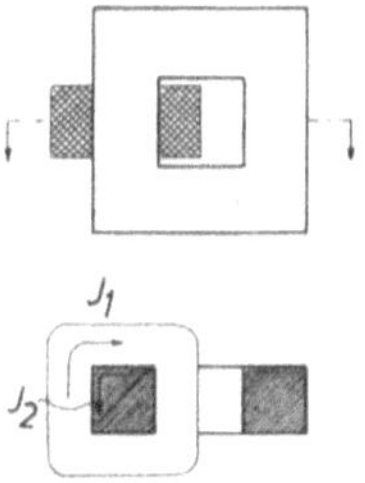


Bild 10. Spule mit massivem Eisenkern

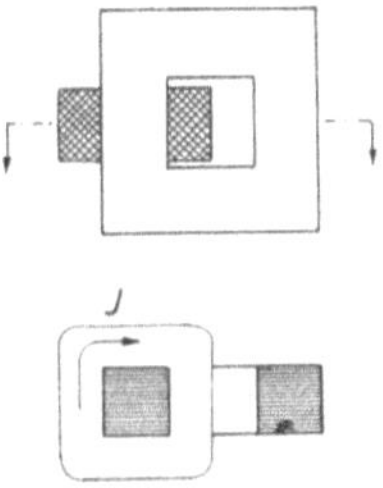


Bild 11. Geblechter Eisenkern

mit Durchmessern in der Größenordnung von $10^{-3}$ mm unter Beifügung isolierender Trennstoffe in geeignete Formen verpreßt. Gleiche elektrische Eigenschaften erreicht man in neuerer Zeit durch Verwendung gesinterter Mischungen von Metalloxyden speziellen Aufbaus, von sogenannten *Ferriten*, die auch als Massivkörper innerhalb kleinster Bereiche einwandfreie Isolatoren sind, dabei aber magnetische Eigenschaften besitzen.

Durch die Krümmung der Magnetisierungskennlinie sind die Selbstinduktionskoeffizienten aller mit Eisenkernen versehenen Spulenanordnungen von der Höhe der bei Auf- und Abmagnetisierung wirksamen „Spannungs-Zeit-Flächen" abhängig. Dieser Tatbestand macht bei einmaligen Vorgängen eine Vorausberechnung der Wirkung derartiger Selbstinduktivitäten außerordentlich schwierig. In Wechselstromkreisen wird durch die Krümmung der Eisenkennlinien der Selbstinduktionskoeffizient von Größe und Frequenz der anliegenden Wechselspannung bzw. des fließenden Wechselstromes abhängig. Eine Linearisierung der Kennlinie ist im Eisenkreis durch die Einfügung von Luftspalten als zusätzlichen magnetischen Widerständen möglich und wird in sehr großem Umfang angewendet. Verstellbare Luftspalte und Anzapfungen an den Wicklungen werden besonders in der Niederfrequenztechnik zur genauen Einstellung gewünschter Induktivitätswerte verwendet. In der Tafel V, Bd. I, sind einige der wichtigsten Daten *weichmagnetischer Kernmaterialien* zusammengestellt. Besonders im Nieder- und Mittelfrequenz-

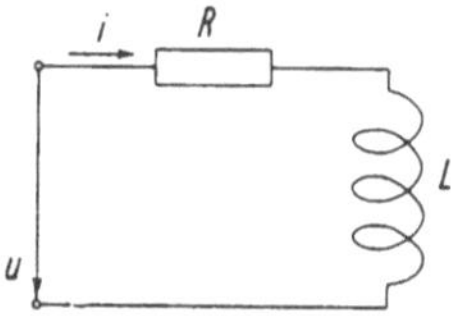


Bild 12. Ersatzschaltung einer Selbstinduktion

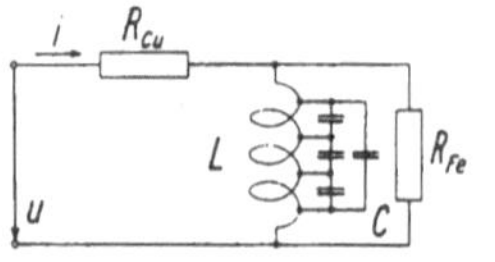


Bild 13. Ersatzschaltung für Wirbelstromverluste u. Wicklungskapazitäten

bereich lassen sich Anhaltswerte für die in den folgenden Erörterungen gekennzeichneten Gütewerte oder Verlustwinkel nicht angeben, da diese sehr weitgehend durch die Modellausnutzung, d. h. die relative Baugröße beeinflußt werden.

In einem Wechselstromkreis werden die Eigenschaften einer gegebenen Selbstinduktion durch eine Ersatzschaltung nach Bild 12 wiedergegeben, in dem der Ohmsche Widerstand $R$ im Bereich niedriger Frequenzen identisch mit dem mit Gleichstrom meßbaren Leiterwiderstand ist. Die Selbstinduktivität $L$ ist durch die Summe aller Beziehungen zwischen Strombahn und Magnetfeld festgelegt, setzt aber dabei außer einer linearen und hysteresefreien Zuordnung zwischen Strom und Magnetfeld vor allem noch voraus, daß die zeitlichen Änderungen des Magnetfeldes nicht in zusätzlichen Strombahnen, z. B. von Wirbelströmen nach Bild 10 mit Leistungsverlusten verbunden sind. Zur genauen Vorausberechnung der Verluste in den von magnetischen Wechselfeldern durchsetzten Eisenkernen, besonders bei den Generatoren und Transformatoren zur Erzeugung und Übertragung elektrischer Energie, müssen einerseits die durch die magnetische Hysterese (endliche Breite der Hysteresisschleife), andererseits die durch die Wirbelströme entstehenden Verluste erfaßt werden. Die *Hystereseverluste* $V_{Hy}$ sind bei gleicher Maximalinduktion $B_{\max}$ der Frequenz des Wechselfeldes linear, die Wirbelstromverluste $V_{Wi}$ dem Quadrat der Frequenz proportional. In besonderen Schaltungen läßt sich meßtechnisch die Summe beider, (die sogenannten *Eisenverluste* $V_{Fe} = V_{Wi} + V_{Hy}$), getrennt von dem Wirkleistungsumsatz in der magnetisierenden Kupferspule (den sogenannten *Kupferverlusten* $V_{Cu}$) erfassen. In dem in der Starkstromtechnik meist besonders interessierenden Frequenzbereich zwischen äußerstenfalls $f = 10$ und etwa $f = 100$ Hz lassen sich $V_{Hy}$ und $V_{Wi}$ durch Auftragen von $V_{Fe}/f$ über $f$ und graphische Extrapolation bis $f = 0$ trennen.

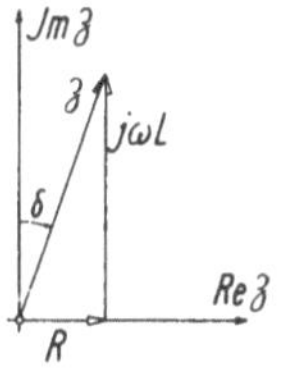

Bild 14. Vektordiagramm einer Selbstinduktion

Ganz allgemein läßt sich bei Selbst- und Gegeninduktivitäten auf Grund genauerer Untersuchungen zeigen, daß die über die magnetische Koppelung entstehenden Wirbelstromverluste besonders klar durch einen der Selbstinduktion parallel liegenden Widerstand dargestellt werden können (Bild 13). Bei höheren und höchsten Frequenzen sind außerdem noch die kapazitiven Wirkungen zwischen den einzelnen Leiterelementen zu berücksichtigen, wie sie schematisch in Bild 13 eingezeichnet sind. Die Wirk- und die Blindkomponente des resultierenden Widerstandes dieser Schaltung lassen sich deshalb nur sehr schwer genau berechnen.

Aus der Ersatzschaltung in Bild 13 geht hervor, daß die Eigenschaften einer idealen Selbstinduktion nur angenähert erreicht werden können. Das Maß der Güte einer Selbstinduktion läßt sich nach dem Vektordiagramm in Bild 14 für eine gegebene Frequenz am besten durch das Verhältnis von Blind- zu Wirkwiderstand für eine einfache Reihenersatzschaltung darstellen, in die auch die kompliziertere Schaltung nach Bild 13 umgerechnet werden kann. Reziprokwert zu einer solchen Güteangabe ist der Verlustwinkel $\delta$ oder der Tangens dieses Verlustwinkels, der ja in der Ersatzschaltung direkt als Quotient von Wirk- zu Blindwiderstand definiert ist.

Für meßtechnische Zwecke verwendet man meist als Normale der Selbst- und Gegeninduktion Spulen ohne Eisenkern. Außer dem Induktivitätswert, dessen Genauigkeit und zeitliche Beständigkeit im wesentlichen von der mechanischen Stabilität des Wicklungsaufbaus abhängt, wird der Ohmsche Widerstand der Strombahn noch zusätzlich angegeben, da er nur in den seltensten Fällen bei der Messung vernachlässigt werden darf.

## 3. Die Aufbauformen von Kondensatoren

Sie werden bestimmt:

a) durch das verwendete Dielektrikum und seine Eigenschaften,

b) durch den bei der Verwendung vorgesehenen Frequenzbereich,

c) durch die Forderung einer stetigen oder gestuften Verstellbarkeit.

Beim Kondensator als Bauelement läßt sich ein dem Idealfall angenähertes elektrisches Verhalten in wesentlich höherem Maße als bei Selbst- und Gegeninduktion erreichen. Außer bei extrem hohen Frequenzen (bei denen dann wieder nur kleine Kapazitäten benötigt werden), spielen die Verluste in Zuleitungen und Belägen kaum eine Rolle. In jedem massebehafteten Dielektrikum treten aber Verluste einmal beim Aufbau des Feldes, dann aber vor allem auch durch die immer vorhandenen Leitfähigkeiten auf. Diese brauchen nicht in Form von mit Gleichstrom meßbaren Isolationswiderständen bemerkbar zu werden, sondern sind meist auf mehr oder minder ausgedehnte innerhalb des Dielektrikums liegende Bereiche beschränkt. Damit folgen in Richtung der elektrischen Feldlinien gemäß der schematischen Wiedergabe in Bild 15 Gebiete, die im wesentlichen als Widerstände wirken, und solche, die reine Kapazitäten in Reihenschaltung darstellen, direkt aufeinander. Ein Ersatzschaltbild für das elektrische Verhalten dieser Anordnungen ist in Bild 16 unter der Darstellung des aufgeteilten Dielektrikums wiedergegeben. Bei jeder Umladung der vor und hinter den Widerstandsgebieten liegenden Teilkapazitäten fließen in den leitenden Teilen des Materials Ströme, die Verluste entstehen lassen. Diese Erscheinungen werden hier in ihren Grundzügen mit den Vorstellungen und Begriffen gedeutet, die sich aus den Betrachtungen des elektrostatischen und des Strömungsfeldes ergeben. Da aber die maßgebenden Eigenschaften des Materials allein mit den Formen elektrostatischer Felder nicht

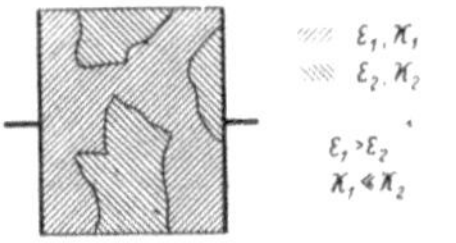


**Bild 15. Schematische Darstellung eines gemischten Dielektrikums**

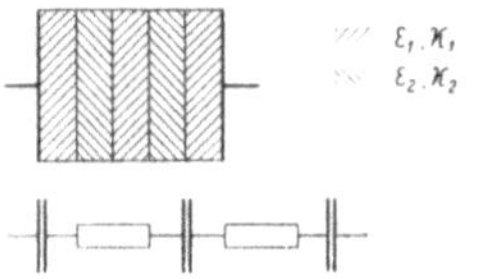


**Bild 16. Ersatzschaltbild eines verlustbehafteten Dielektrikums**

gedeutet werden können, soll der Komplex derartiger Effekte als kennzeichnend für die Einwirkungen „dielektrischer Felder“ bezeichnet werden. Die sich durch die *„dielektrischen Eigenschaften“* des Werkstoffes ergebenden Verhältnisse für Ströme und Spannungen werden in voller Analogie zu den Darstellungen bei der Selbstinduktion durch den Verlustwinkel $\delta$ bzw. den Tangens dieses Winkels meßtechnisch erfaßt und quantitativ beschrieben. Die Tafel IV, Bd I, S. 87 gibt für eine Reihe der für technische Kondensatoren benutzten Dielektriken Werte der Dielektrizitätskonstanten $\varepsilon_r$ und des Tangens des Verlustwinkels $\delta$ an.

Hoch- und Höchstfrequenzkondensatoren werden mit Luft, in modernen Anlagen teilweise auch mit Hochvakuum als Dielektrikum ausgeführt. Das Hochvakuum erlaubt zwischen den Elektrodenflächen eine wesentlich höhere elektrische Beanspruchung als Luft, d. h. bei gleicher gegebener Scheitelspannung kann der Abstand der Elektroden und damit zur Erzielung gleicher Kapazität auch die Elektrodenfläche geringer angesetzt werden. Bei Verwendung von Luft entfallen die Durchführungen der Elektroden in das hochevakuierte Gefäß und die Aufwendungen zur absolut sicheren Aufrechterhaltung des Hochvakuums. Dieser Vorteil tritt besonders in Erscheinung, wenn die Beläge zur stetigen Verstellung der Kapazität gegeneinander beweglich sein sollen. Die klassische Bauform hierfür ist der sogenannte *Drehkondensator*, dessen Elektroden zwei halbkreisförmig aus-

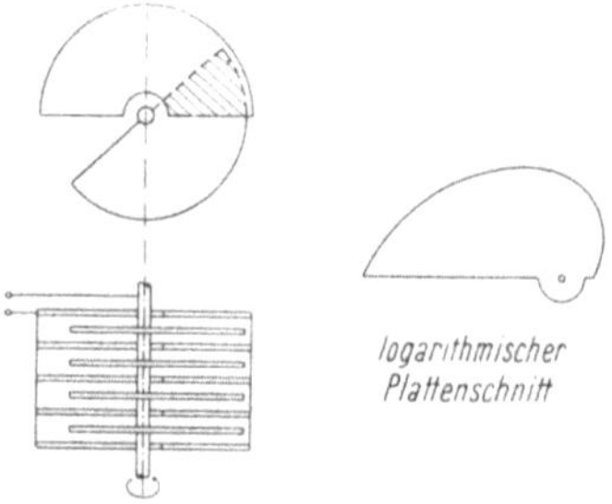


Bild 17. Drehkondensator

gebildete Plattengruppen sind, von denen die eine durch Drehung um eine Achse zwischen die Oberflächen der anderen eingeführt wird. Die einander gegenüberstehenden Flächen und damit die Kapazitätswerte der Anordnung können so stetig verändert werden. Bild 17 zeigt einmal den Aufbau dieses Gerätes schematisch, außerdem aber eine besondere Plattenform, den sogenannten logarithmischen Plattenschnitt, für das drehbare System, durch den eine für die Aufgaben der Rundfunktechnik besonders günstige funktionelle Zuordnung der Resonanzfrequenz eines aus Drehkondensator und fester Induktivität bestehenden Schwingungskreises zum Drehwinkel am Kondensator erreicht wird.

Die geschilderten Kondensatorformen können auch mit flüssigem Dielektrikum verwendet werden. Früher dienten hierfür in erster Linie Öle (wegen ihrer hohen Durchschlagsfestigkeit), heute werden auch synthetische organische Flüssigkeiten, z. B. das Clophen, verwendet, das eine wesentlich höhere Dielektrizitätskonstante als die üblichen Öle besitzt. Für hohe und höchste Frequenzen werden jedoch heute flüssige Dielektrika nicht mehr benutzt, da ihre dielektrischen Verluste besonders im Vergleich zu den heute verfügbaren synthetischen festen Isolierstoffen zu hoch sind.

Auf der Basis des Titanoxydes sind in den letzten 25 Jahren keramische Isolierstoffe mit relativen Dielektrizitätskonstanten bis etwa 100 bei niedrigen dielektrischen Verlusten geschaffen worden, die besonders für höhere Spannungen den früher im Gebiet der Hochfrequenztechnik vielfach verwendeten Glimmer weitgehend ersetzt haben. Bei diesen keramischen Massen werden die Beläge meist galvanisch aufgebracht und dann eingebrannt. Synthetische organische Folien (Styrole) mit extrem geringen dielektrischen Verlusten können für niedrige Spannungen, d.h. in geringen Dicken hergestellt werden, so daß heute Glimmer nur noch in relativ geringem Umfang für Meß- und Normalkondensatoren eingesetzt wird. Folien oder Papier als Dielektrikum werden, wie in Bild 18 schematisch dargestellt, in 2 Lagen mit 2 Bahnen Aluminiumfolie als Kondensatorbeläge zu flachen oder runden Wickeln aufgewickelt.

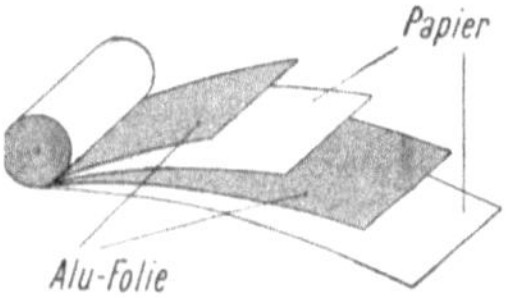

Bild 18. Herstellung eines Kondensatorwickels

Der wichtigste Kondensatorwerkstoff in Mittel- und Niederfrequenztechnik ist heute das Papier, das bis zu Stärken unter 0,01 mm herab in einer oder mehreren Lagen zum Einsatz kommt. Es wird mit Aluminiumfolien als Belägen gewickelt, dann sorgfältig von Feuchtigkeitsresten befreit und anschließend mit Ölen, Wachsen, Clophenen oder anderen flüssigen Dielektriken getränkt. Dadurch kommen alle Luft-

und Gasräume im elektrischen Feld zum Verschwinden, die im Betrieb durch Glimmentladungen Durchschläge einleiten können. Besonders für Blindleistungskompensation in den Verteilungsnetzen werden teilweise sehr große Kapazitäten verwendet, die aus einer großen Zahl von einzelenen Wickeln in Parallelschaltung in einem gemeinsamen Behälter bestehen. In den Zuleitungen zu den einzelnen Wickeln sind Schmelzleiter als Sicherungen vorgesehen, damit bei Durchschlägen immer nur die gestörten Elemente ausfallen.

Bei Kondensatoren für niedrige Spannungen kommt man mit sehr dünnen Schichten des Dielektrikums aus. Die als Beläge in den üblichen Bauformen verwendeten Aluminiumfolien nehmen dann einen verhältnismäßig großen Raum ein, weil auch sie etwa nur in den für das Papier benutzten Stärken hergestellt und verarbeitet werden können. Statt der Aluminiumfolien werden bei den sogenannten *Metallpapier-(MP-)Kondensatoren* die außerordentlich dünnen Metallbeläge im Vakuum auf das Papier aufgedampft. Diese Metallschichten sind dann so dünn, daß sie bei einem Durchschlag rings um die Durchschlagstelle verdampfen, so daß dort kein Kurzschluß bestehen bleibt. Damit wird der Metallpapierkondensator selbstheilend. Die besonders beim einlagigen Dielektrikum immer vorhandenen Löcher stellen bei dem aus der Maschine kommenden Kondensatorwickel eine Reihe von Kurzschlüssen oder Durchschlagsstrecken dar, die durch allmähliches Steigern der Spannung an den Belägen nacheinander ausgebrannt werden. Diesen Vorgang nennt man Formierung des Kondensators. Auch während des Betriebes des Kondensators treten mit statistisch erfaßbarer Häufigkeit Durchschläge auf, die aber nur zu einer unwesentlichen Abnahme der Kapazität durch die geringen Flächenverluste des Belages rings um die Durchschlagstellen führen.

Die Eigenschaften und der grundsätzliche Aufbau der besonders in Rundfunktechnik und Gerätebau vorzugsweise zur Glättung welliger Spannungen viel verwendeten Elektrolytkondensatoren wurden im Abschnitt VII, Bd. II, Seite 63 bereits erläutert.

# XII. Grundprinzipien der elektrischen Meßgeräte und die wichtigsten direkt anzeigenden Meßinstrumente

## 1. Direkte und indirekte Übermittlung elektrischer Werte an die menschlichen Sinne

Der menschliche Körper empfindet elektrische Ströme wachsender Stärke zuerst unterhalb einer sogenannten Reizschwelle überhaupt nicht, reagiert dann mit mehr oder minder schmerzhaften Wahrnehmungen und erleidet schließlich Verletzungen, sei es im physiologischen Bestand (Verbrennungen), sei es in Form von Funktionsdefekten (Verkrampfungen, Lähmungen, Herzflimmern und ähnlichen). Der Mensch kann aus allen diesen Gründen elektrische Größen nicht ohne besondere technische Hilfsmittel objektiv erfassen, zumal die angegebenen Erscheinungen einschließlich der Reizschwelle sehr weitgehend von der persönlichen Konstitution und den äußeren Voraussetzungen abhängig sind. Elektrische Meßgeräte müssen also die elektrischen Größen in Erscheinungen umformen, die von den menschlichen Sinnen zuverlässig und maßstäblich aufgenommen und ausgewertet werden können.

Von den Sinnen des Menschen ist das *Auge* zur Verarbeitung von mechanischen oder optischen Anzeigen an Skalen sehr gut verwendbar. Grenzen seines Einsatzbereiches treten bei schnellen Bewegungen des anzeigenden Elementes auf, wenn das Auge diesen Bewegungen etwa bei Frequenzen von einigen Hz aufwärts nicht mehr zu folgen vermag.

Das menschliche *Ohr* hat eine von der Frequenz der auftreffenden Schallschwingungen sehr stark abhängige Empfindlichkeit, die bei Frequenzen zwischen etwa 800 und 1000 Hz ihr Maximum hat, bei den niedrigsten und höchsten gerade noch wahrnehmbaren Werten (ca. 30 Hz und 10 000 bis 15 000 Hz) aber sehr viel niedriger liegt. Außer der allgemeinen Empfindlichkeit hat aber das Ohr vor allem noch Fähigkeiten zum Frequenz- und teilweise auch Kurvenformvergleich, besonders zur selektiven Feststellung von Teiltönen und Oberschwingungen, die für manche elektrischen Messungen eingesetzt werden können.

## 2. Die Haupteigenschaften elektrischer Meßgeräte

Eine systematische Zusammenstellung wichtiger Eigenschaften von Meßgeräten muß einerseits von der Beschreibung der Wirkungsweise, andererseits zur Gütebeurteilung von der Meßgenauigkeit und Fehlanzeigemöglichkeit durch äußere Einflüsse ausgehen.

In einer möglichst vollkommenen Messung soll die gesuchte physikalische Größe sehr genau, sicher reproduzierbar und ohne allzu hohe physiologische Beanspruchung der tätigen Person ermittelt werden. Vom Instrument werden neben hoher Betriebssicherheit und möglichst geringem Einfluß aller Fehler verursachenden Störquellen hohe Genauigkeit und ein möglichst kleiner Eigenverbrauch verlangt, damit die Messung die physikalischen Verhältnisse an der Meßstelle möglichst wenig beeinflußt. Bei den elektrischen Meßinstrumenten kann die an der Meßstelle zur Betätigung des Instrumentes entnommene Leistung meist recht genau angegeben werden. Zur Kennzeichnung der Genauigkeit dient die *Klassenangabe*, eine Zahl, die in Prozenten des Skalenendwertes (Maximalanzeige) den an allen Stellen des Anzeigebereichs möglichen Wert der Anzeigeunsicherheit, d. h. den Absolutbetrag des denkbaren Fehlers angibt. Der mögliche relative Fehler wird damit z. B. bei einem Zehntel des Vollausschlages zehnmal größer. Elektrische Meßinstrumente höchster Genauigkeit, sogenannte Präzisionsmeßinstrumente gehören den Genauigkeitsklassen 0,1; 0,2 und bei gewissen Spezialbauformen auch 0,5 an, haben also eine Anzeigeunsicherheit (einen möglichen Fehler) von 1; 2 oder 5‰ des Skalenendwertes. Prüffeld- und Montageinstrumente entsprechen meist den Klassen 0,5 und 1 mit 0,5 bzw. 1% des Skalenendwertes als Anzeigeunsicherheit. Für Betriebsmeßinstrumente werden meist die Güteklassen 1; 2,5 und gelegentlich auch 5 gewählt.

Die vom elektrischen Meßgerät den menschlichen Sinnen übermittelten Werte können direkte Angaben oder über Maßstabs- oder Meßbereichsfaktoren zu berechnende Anzeigen des Betrages der gemessenen elektrischen Größe sein (*direkte Messungen*). Verfahren, bei denen eine Anzeige eines

Meßinstrumentes nicht quantitativ ausgewertet, sondern als Kennzeichen bestimmter elektrischer Verhältnisse in einer Schaltung benutzt wird, sind meist auf elektrische Werte (Spannung, Strom, gelegentlich Phase oder Leistung) vom Betrag Null an dem dann nur als Nullindikator dienenden Anzeigegerät abgestellt (*Nullmethoden*). Aus Elementen der Schaltung kann dann auf die zu bestimmenden elektrischen Werte rückgeschlossen werden. Diese Methoden haben den grundsätzlichen Vorteil, daß in die Genauigkeit der Messung nicht die Anzeigegenauigkeit, sondern allein die Empfindlichkeit, d. h. der zum gerade noch wahrnehmbaren Ausschlag erforderliche Leistungsbedarf des sogenannten Nullinstrumentes eingeht.

Auf die Anzeigegenauigkeit von Meßinstrumenten sind neben dem Zustand der für die Funktion maßgebenden Konstruktionsbauteile im Gerät selbst auch noch äußere Einwirkungen und innere Vorgänge von Einfluß, nach denen die dadurch bedingten Anzeigefehler bzw. -unsicherheiten direkt benannt werden. Hier sind in erster Linie Lagefehler, Temperaturfehler, Fremdfeldfehler (infolge elektrostatischer und elektromagnetischer Einflüsse), ferner Alterungsfehler (herrührend von mechanischen Federn und Permanentmagneten), Anwärmfehler, Kippfehler (Lagerung der bewegten Teile) etc. zu nennen. Weitere Abweichungen der Anzeige vom wahren Wert können durch Einflüsse von Kennwerten der Meßgröße herrühren, die in der vorliegenden Messung nicht ermittelt werden sollen, aber das Meßergebnis verfälschen, z. B. die Frequenz, Kurvenform oder der Oberwellengehalt bei elektrischen oder magnetischen Größen.

In den folgenden Abschnitten werden die elektrischen Meßinstrumente nach den chemischen und thermischen Wirkungen sowie nach der Ausnutzung mechanischer Kräfte gegliedert, die in ihnen zur quantitativen Anzeige elektrischer Werte benutzt werden. Dabei können verschiedene Bauformen je nach konstruktiver Ausführung zur Anzeige der Augenblickswerte oder der Mittelwerte oder von Zeitintegralen elektrischer Größen dienen. Die Mehrzahl der Zeitintegralmeßwerke heißen *Zähler*. Die den Augenblickswert anzeigenden

Meßinstrumente, die besonders der Aufzeichnung schnell veränderlicher Größen dienen, werden *Oszillografen* (Schwingungsschreiber) genannt. Da bei Herstellung und Einsatz zahlenmässig die Gruppe der Instrumente weit überwiegt, die Mittelwerte anzeigen, sollen die nach der Wirkungsweise unterschiedenen Ausführungsformen dieser Gruppe in den folgenden Abschnitten zuerst behandelt werden.

### 3. Die Ausnutzung chemischer Wirkungen des elektrischen Stromes für Meßwerke

Die chemischen Wirkungen des durch einen flüssigen Elektrolyten geleiteten Stromes sind über die Substanzabscheidungen besonders zur Messung von Elektrizitätsmengen oder Ladungen geeignet. Als physikalisches Laboratoriumsgerät zur absoluten Definition der Ladung dient das sogenannte Silbervoltameter, in dem unter festgelegten physikalischen Bedingungen eine As 1,118 mg Silber auf einer Platinelektrode abscheidet.

Für die Zwecke der fortlaufenden Messung der aus Gleichstromnetzen an die einzelnen Verbraucher gelieferten Elektrizitätsmengen sind in früheren Jahren die sogenannten Stia-Zähler häufig verwendet worden. Durch den vom Verbraucher aufgenommenen Strom wird Quecksilber abgeschieden, dessen Menge in einer Kapillare abgelesen werden kann. Unter Annahme einer konstanten Speisespannung im Gleichstromnetz kann die durch die abgeschiedene Quecksilbermenge bestimmte Ladung zur Verrechnung der gelieferten elektrischen Arbeit benutzt werden. Das ohne jegliche bewegte Teile arbeitende Gerät besitzt eine vollkommen ausreichende Genauigkeit und bedarf nur einer sehr geringen Wartung und Pflege.

### 4. Die auf den thermischen Wirkungen des elektrischen Stromes beruhenden Meßinstrumente

Die thermischen Wirkungen des elektrischen Stromes sind besonders in der Hochfrequenztechnik lange in den sogenannten *Hitzdrahtinstrumenten* zur Messung ausgenutzt worden.

Das Meßverfahren beruht darauf, die Längenänderung infolge Stromwärme eines vom Strom durchflossenen Leiters zu messen. Die in dem Leiter in Wärme umgesetzte elektrische Leistung ist dem Quadrat des ihn durchfließenden Stromes proportional. Dadurch zeigt das Instrument unabhängig von Kurvenform und Frequenz echt den Effektivwert des Stromes an. In Bild 19 links ist das Meßwerk schematisch dargestellt. Die Längenänderung des Leiters führt zu einer senkrechten Versetzung des oberen Befestigungspunktes eines Fadens *F* 1. Der Mittelpunkt des letzteren kann nun unter dem Zug des von der Feder *Fe* gespannten Fadens *F* 2 um einen wesentlich größeren Weg nach links auswandern. Die Bewegung des Fadens *F* 2 wird über die auf der Zeigerachse sitzende Rolle auf den Zeiger

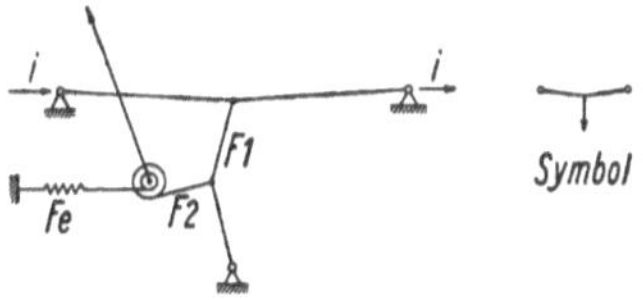


Bild 19. Schematischer Aufbau und Darstellungssymbol für ein Hitzdrahtinstrument

selbst übertragen. Diese Anordnung stellt ein spiel-, gelenk- und bis auf die Zeigerlagerung reibungsfreies mechanisches Übersetzungssystem dar, das die kleinen Beträge der thermischen Ausdehnung des Leiters bis zu dem dem Meßwert entsprechenden Zeigerausschlag vergrößert. Fremde Temperatureinflüsse wirken sich beim Hitzdrahtinstrument nachteilig auf die Messung aus. Die Bauart dieser heute sehr selten gewordenen Meßwerke wird auf der Instrumentenskala durch das in Bild 19 rechts dargestellte Symbol gekennzeichnet.

Die Bauform der Hitzdrahtinstrumente ist heute durch die sogenannten *Thermoumformer* überholt. In diesen Geräten bleibt der Vorteil einer echten Effektivwertanzeige über einen vom Strom beheizten Leiter erhalten. Die Erwärmung wird mit einem kleinen Thermoelement (siehe Bild 20 links) an dem sogenannten Heizer gemessen. Das Thermoelement wird an ein hochwertiges Drehspulinstrument angeschlossen. Eine weitergebildete Kombination von Hitzdraht und Thermoelement erlaubt, wie in Bild 20 Mitte dargestellt, eine besonders bei hochfrequenten Strömen wichtige Isolierung des vom Meßstrom durchflossenen Leiters gegen die nur die Thermoströme führenden Verbindungen zum eigentlichen Meßinstrument. Bild 20 rechts gibt das Darstellungssymbol für eine derartige Anordnung im Schaltbild und auf der Instrumentenskala wieder.

Bei allen die thermischen Wirkungen des Stromes ausnutzenden Meßinstrumenten ist die Skala quadratisch geteilt, d. h. doppelten Stromwerten entsprechen vierfache Winkelausschläge. Infolgedessen lassen sich einigermaßen genau

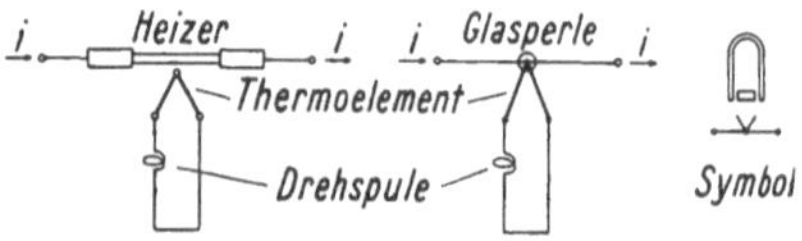


Bild 20. Schaltungen von Thermoumformern, Darstellungssymbol

Bild 21. Darstellungssymbol für Bimetallmeßwerk

elektrische Größenwerte (Ströme oder Spannungen) nur im Verhältnis 1 : 3, bezogen auf den Skalenendwert des Instruments, d. h. zwischen etwa 11 und 100% des Ausschlagwinkels des Zeigers ablesen.

Bei dauernd und unregelmäßig über große Bereiche veränderlichen Strömen in elektrischen Anlagen, z. B. in Generatoren, Verteilungsleitungen, Transformatoren und Umformern, aber auch bei den diese stark wechselnden Ströme aufnehmenden Verbrauchern, z. B. Aufzügen, Bahnen und gewissen Spezialantrieben ist eine Augenblicksanzeige des Stromes bzw. eine Mittelwertbildung über Zeiten in der Größenordnung unter einer Sekunde nur von geringem Wert. Wichtiger für die Beurteilung der Beanspruchung der Anlagenteile ist eine Erfassung des Erwärmungszustandes in den Strombahnen durch eine der Erwärmung entsprechende, also quadratische Mittelwertbildung über Zeiten von Minuten. Hierfür sind in den letzten Jahren thermische Anzeigeninstrumente bewußt großer Trägheit entwickelt worden, bei denen die Verbiegung der bereits im Abschnitt X, S. 21 beschriebenen Bimetallstreifen bei Erwärmung durch Stromdurchgang direkt zur Anzeige benutzt wird. In den Instrumenten sind mehrere Bimetallstreifen ähnlich wie Spiralfedern so angeordnet, daß Temperatureinflüsse der Umgebung weitgehend ausgeglichen sind. Durch den fließenden Strom wird einer der Streifen so erwärmt, daß ein am Ende angebrachter Zeiger auf einer Skala den effektiven Mittelwert innerhalb der letzten Minuten anzeigt. Das Darstellungssymbol für diese Meßwerktype ist in Bild 21 wiedergegeben.

### 5. Meßwerke mit Ausnutzung elektrostatischer Feldkräfte

Die mechanischen Systeme, die zur Messung und Anzeige der elektrisch erzeugten Kräfte in den Instrumenten dienen, sind bei den hier zu betrachtenden Bauformen immer *Drehmomentmeßwaagen*. Elektrisch werden Drehmomente erzeugt, die über die an Rückstellfedern auftretenden, mit Zeiger und Skala sichtbar gemachten Verformungen der Federn gemessen werden. Temperatur-, Fremdfeld- (Erdbeschleunigung) und Alterungsfehler sowie Ungenauigkeiten und Reibungskräfte bei der Lagerung des bewegten Systems sind daher für die Meßgenauigkeit von großem Einfluß. Im Normalfall wird außerdem angestrebt, daß das elektrisch erzeugte Drehmoment möglichst weitgehend von der jeweiligen Stellung des beweglichen Systems (Drehwinkel $\alpha$) unabhängig ist.

In den *elektrostatischen Meßinstrumenten* werden die Anziehungs- oder Abstoßungskräfte elektrischer Ladungen gemessen und in Auslenkungen eines bewegten Systems angezeigt, das mit dem beweglichen Belag einer Kondensatorenanordnung verbunden ist, die sich meist in Luft befindet. In Bild 22 sind schematisch zwei Bauformen für solche Elektrodenanordnungen und das Darstellungssymbol für diese Meßwerktype wiedergegeben. Bei der einen Konstruktion ändert sich der Elektrodenabstand eines Plattenkondensators nach Maßgabe der gemessenen Spannung, beim zweiten System verdrehen sich zwei dem Drehkondensator ähnliche

Elektrodenanordnungen unter der Wirkung der Ladungskräfte gegeneinander. Wie sich in einer genaueren Betrachtung zeigen läßt, sind die mit derartigen Anordnungen erzielbaren

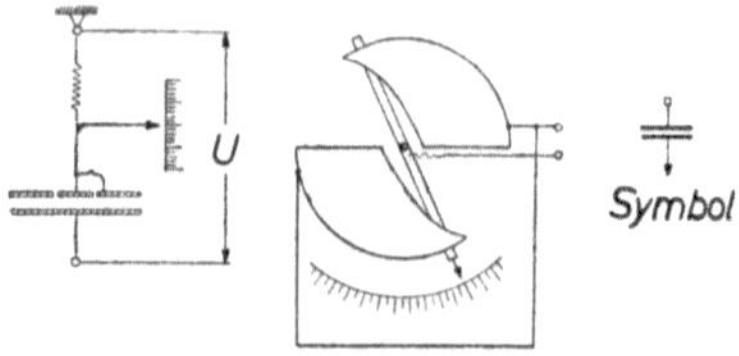


Bild 22. Elektrostatische Zeigermeßwerke

Kräfte bzw. Drehmomente umso größer, je stärker sich bei der Auslenkung die Kapazität des aufgeladenen Systems ändert. In Spezialschaltungen und unter Verwendung eines Doppelkondensators mit einer gemeinsamen beweglichen Elektrode, die bei Auslenkungen die eine Kapazität anwachsen, die andere abnehmen läßt, können, wie an Schaltungsbeispielen des sogenannten *Quadrantenelektrometers* in Bild 23 an einigen Beispielen gezeigt wird, auch niedrige Spannungen von einigen Volt (rechts oben), außerdem aber auch Leistungen (rechts unten) gemessen werden. Da der Isolationswiderstand der Elektroden in diesen Meßwerken sehr hoch getrieben

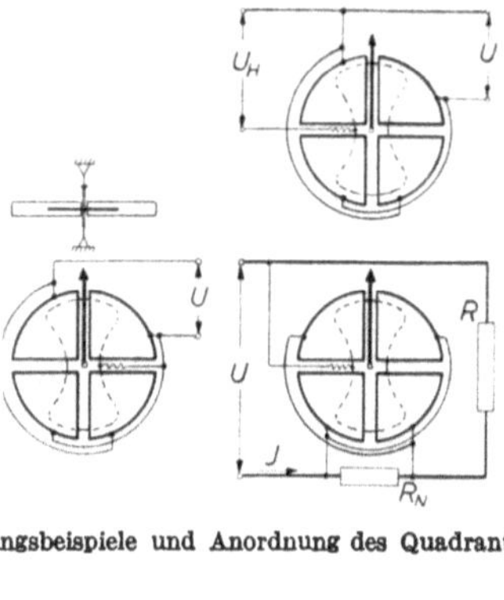


Bild 23. Schaltungsbeispiele und Anordnung des Quadrantenelektrometers

werden kann, ist bei der Messung von Gleichspannungen der Eigenverbrauch praktisch Null. In Wechselstromkreisen, insbesondere bei höheren Frequenzen, ist immer zu berücksichtigen, daß sich bei anderem Ausschlag des Instruments auch die durch das Instrument gebildete kapazitive Belastung ändert. Die Skala des elektrostatischen Instrumentes ist bei linearer Änderung der Kapazität mit dem Ausschlag quadratisch, das Instrument zeigt echte Effektivwerte an. Durch geeignete Formgebung der Elektroden bei einer Kondensatoranordnung nach Bild 22 Mitte kann die Skala so verformt werden, daß sie zwischen etwa 10 und 100% des Vollausschlags beinahe linear ist.

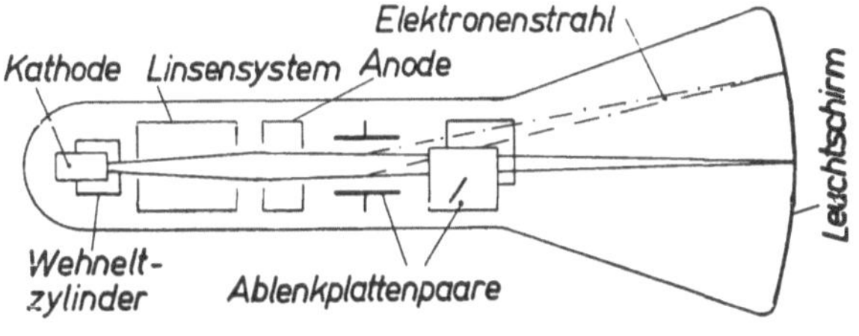


Bild 24. Elektronenstrahl-Oszillograf (Braunsche Röhre)

Ein elektrostatisches Meßwerk mit einzigartigen Eigenschaften liegt in dem sogenannten *Elektronenstrahloszillografen* vor. Nach dem Vorschlag des deutschen Physikers Ferdinand Braun (1850—1918) wird, wie in Bild 24 schematisch gezeigt, ein gebündelter Strahl von Elektronen im Hochvakuum beim Durchtritt zwischen den aufgeladenen Elektroden eines Plattenkondensators durch die auf die Elektronen wirkenden Feldkräfte abgelenkt. Dieses elektrostatische Meßwerk benutzt für die Anzeige als auszulenkendes System nur die leichtesten, überhaupt denkbaren Körper, die Elektronen selbst, und ist daher besonders zur Aufzeichnung schnell veränderlicher Spannungen geeignet. Die Auslenkung des Strahles wird in der in Bild 24 dargestellten Röhre dadurch sichtbar gemacht, daß die Elektronen beim Auftreffen auf einen mit einer geeigneten phosphoreszierenden

Substanz bedeckten Schirm diesen an der Auftreffstelle zum Aufleuchten bringen. Da man die Ablenkung des Elektronenstrahls durch mehrere in Strahlrichtung meist hintereinander angeordnete Ablenkplattensysteme in verschiedenen Richtungen bewerkstelligen kann, ist dieses elektrostatische Meßwerk gleichzeitig als Koordinatenschreiber verwendbar. Seine Meßgenauigkeit ist weitgehend von der Schärfe des Leuchtpunktes an jeder Stelle auf dem Schirm abhängig. In dieser Richtung wurde die Entwicklung der Elektronenstahlröhre in den letzten beiden Jahrzehnten dadurch besonders befruchtet, daß man für die Elektronenbahnen in den verschiedenen elektrischen Feldern zwischen der emittierenden Kathode und der Anode und darüber hinaus bis zum Schirm Gesetze aufstellen konnte, die denen der Lichtoptik weitgehend entsprechen (Elektronenoptik). Bei der normalen Oszillografenröhre besteht die Aufgabe, durch eine relativ nahe bei der Kathode befindliche elektronenoptische Sammellinse die emittierende Kathodenfläche auf dem Schirm, d. h. in relativ großer Entfernung von der Linsenmitte und damit vergrößert abzubilden, wobei diese Abbildung auch noch scharf bleiben muß, wenn der Strahl durch die hinter der Linse befindlichen Plattenpaare seitlich abgelenkt wird. Durch eine topfförmige Elektrode (Wehnelt-Zylinder) mit zentraler Bohrung unmittelbar an der Kathode kann zusätzlich der Emissionsstrom und damit die Helligkeit des Leuchtpunktes während der Messung elektrisch gesteuert werden.

### 6. Drehspul- und Drehmagnetmeßwerke

Die überwiegende Mehrzahl aller Anzeigeinstrumente nutzt die Kraftwirkungen zwischen elektrischen Strömen und magnetischen Feldern sowie anziehende und abstoßende Kräfte zwischen magnetisierten Eisenteilen bzw. zwischen diesen und den magnetisierenden Spulenanordnungen aus.

Beim *Drehspulinstrument* befindet sich nach Bild 25 eine vom Meßstrom durchflossene, leicht drehbar gelagerte Spule in einem möglichst homogenen radialen Feld eines Permanentmagneten, dessen Fluß mit möglichst geringem magnetischen Widerstand über die Polschuhe und den im Innern der drehbaren Spule fest gelagerten zylindrischen Kern geführt ist. Das auf das Drehspulsystem beim Fließen eines Stromes $i$ in der Spule wirksam werdende Drehmoment $D$ ist der magnetischen Induktion im Luftspalt $B_L$, der Leiter- oder Windungszahl $w$ der Spule, dem Durchmesser $d$ der Spule und der im Magnetfeld wirksam befindlichen Leiterlänge $l$ proportional:

$$D = k_1 \cdot i \cdot B_L \cdot w \cdot d \cdot l.$$

Dieses Drehmoment wird gemessen durch die Verformung zweier Federn, die den Zeiger des Instruments in der Nullage

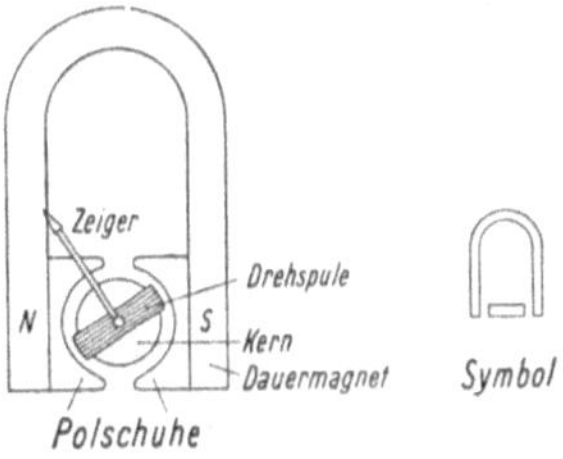


**Bild 25. Grundsätzlicher Aufbau und Darstellungssymbol des Drehspulinstrumentes**

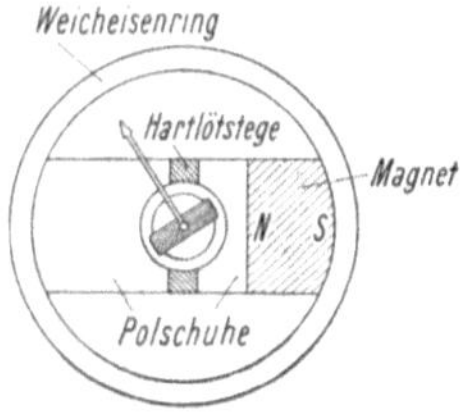


**Bild 26. Beispiel eines modernen Drehspulmeßwerkes**

zu halten suchen und gleichzeitig zur Zu- und Ableitung des Stromes in der Spule benutzt werden. Ist die Luftspaltinduktion im Bereich des Auslenkungswinkels $\alpha$ der Spule konstant:

$$B_L = f(\alpha) = \text{konst.}$$

und die Auslenkung $\alpha$ der Federn dem wirksamen Drehmoment genau proportional:

$$D = k_2 \cdot \alpha,$$

so ist die Anzeige des Instrumentes dem fließenden Strom bzw. bei schnellen Änderungen desselben, dem das System mechanisch nicht folgen kann, dessen Mittelwert eindeutig zugeordnet:

$$\alpha = k_3 \cdot i.$$

Das zur Kennzeichnung dieses Meßwerkes dienende Symbol in Bild 25 rechts gibt schematisch den Meßwerkaufbau mit dem kennzeichnenden permanenten Hufeisenmagneten in der klassischen Bauweise wieder.

In neuerer Zeit sind die Bauformen des Drehspulinstrumentes besonders durch die Entwicklung der magnetischen Werkstoffe beeinflußt worden. Die immer höheren Werte, die für Remanenz und Koerzitivkraft der hartmagnetischen Werkstoffe erzielt wurden, führten zu einer erheblichen Verkleinerung der Eisenlänge und damit von Volumen und Gewicht des Permanentmagneten. Im gesamten magnetischen Kreis nimmt daher heute der Permanentmagnet nur einen relativ kleinen Teil der Länge ein. Auf die Bearbeitungsschwierigkeiten der in Frage kommenden sehr harten Werkstoffe (z. B. Aluminium-Nickel-Kobalt-Legierungen) wird in der Konstruktion Rücksicht genommen, z. B. in dem Magnetkreis eines modernen Drehspul-Präzisionsinstrumentes, der in Bild 26 schematisch dargestellt ist. Der hier gleichzeitig zur Abschirmung gegen Fremdfelder und zur Rückführung des Hauptflusses dienende äußere Weicheisenring preßt mit seiner Eigenspannung die gegeneinander durch Hartlötstege abgestützten Polschuhe und den klotzförmigen Permanentmagneten sehr fest zusammen, so daß am letzteren keine zusätzlichen Befestigungselemente erforderlich sind.

Die gesteigerten Leistungen der modernen Permanentmagnete erlauben es, den Träger der magnetischen Spannung in den feststehenden Kern innerhalb der Drehspule zu verlegen. Auf diese Weise entsteht das sogenannte *Kernmagnetmeßwerk*, das, schematisch in Bild 27 dargestellt, den Vorteil einer sehr einfachen Fertigung und Montage und eines sehr geringen Gewichtes hat. Nachteilig wirkt sich allein die Veränderlichkeit der Luftspaltinduktion längs des Umfanges des Magnetkernes aus. Für einen Auslenkwinkel von 60°, d. h. von ± 30° zu beiden Seiten des Induktionsmaximums, ändert sich aber die Luftspaltinduktion nach der Cosinusfunktion nur im Verhältnis zwischen 87 und 100%. Im gleichen Verhältnis ändern sich damit auch die Abstände der Skalenstriche für gleiche Stromänderungen längs der ganzen Skala.

Die Umkehrung des Kernmagnetsystems ist das *Drehmagnetmeßwerk*, das vor der Jahrhundertwende für höchstempfindliche Anzeige- und Nullinstrumente verwendet wurde, die heute allgemein als Drehspulinstrumente mit Band- oder Fadenaufhängung des bewegten Systems und mit Lichtzeiger oder Spiegelablesung (siehe auch den Abschnitt über Nullinstrumente, S. 56) ausgeführt werden. Der Hauptnachteil der älteren Bauformen des Drehmagnetsystems, der sogenannten Nadelgalvanometer, lag in ihrer großen Fremdfeldempfindlichkeit (Erdfeld, stromdurchflossene Leitungen, Rückströme im Erdboden). Statt der magnetisch nicht sehr leistungsfähigen Kompaßnadeln, die in derartigen Galvano-

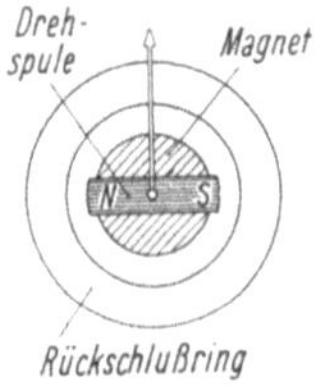


Bild 27. Kernmagnetmeßwerk

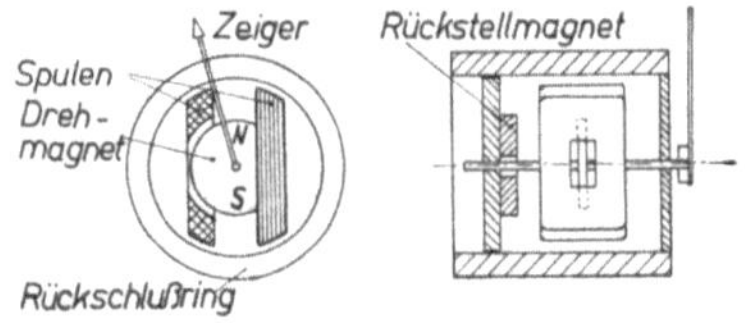


Bild 28. Drehmagnetsystem

metern benutzt wurden, besitzt das moderne, besonders für billige Schalttafelinstrumente geeignete Drehmagnetsystem eine meist gesinterte dünne Magnetscheibe, die direkt auf der Instrumentenachse befestigt ist. Diese Scheibe wird, wie in Bild 28 schematisch dargestellt, von 2 Spulen umfaßt, die ein magnetisches Feld senkrecht zur Richtung der Scheibenmagnetisierung aufbauen und damit auf die Scheibe ein Drehmoment ausüben. Das magnetische Feld der Scheibe schließt sich über die Wandung eines weichmagnetischen Rohres, das die Scheibe und die Ablenkspulen umgibt und gleichzeitig zur Fremdfeldabschirmung dient. Ein besonderer fertigungstechnischer Vorteil dieser Bauform ergibt sich aus der Tatsache, daß man zur Erzeugung des Gegenmomentes einen axial hinter oder vor der abgelenkten Scheibe parallel dazu fest angebrachten Gegenmagneten verwenden kann, durch dessen Drehung die Nullage der Zeigerachse und durch dessen axiale Entfernung vom Ablenksystem die Größe des Rückstellmomentes verändert werden kann.

Der geringe Eigenverbrauch und die hohe Genauigkeit des Drehspulmeßwerkes lassen die Frage entstehen, ob diese, grundsätzlich nur zur Anzeige von Gleichgrößen geeignete Instrumentenbauform nicht durch geeignete Zusatzgeräte auch für Wechselstrom- und -spannungsmessungen verwendbar gemacht werden kann. Dies ist, wie Bild 29 an zwei Beispielen zeigt, durch die Vorschaltung, von Gleichrichterelementen möglich, die dank ihrer „Stromdurchlässigkeit in nur einer Richtung" (siehe auch Abschnitt VIII Bd. II, S. 58) für die beiden, durch ausgezogene und gestrichelte

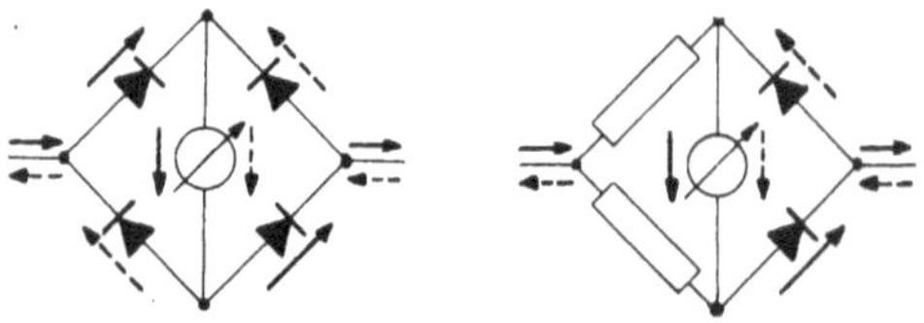

Bild 29. Schaltungen eines Drehspul-Gleichrichter-Instrumentes

Pfeile gekennzeichneten Richtungen des Wechselstromes diesen in beiden Fällen gleichgerichtet über das eigentliche Meßwerk fließen lassen. Als Gleichrichterelemente werden hierfür Kupfer-Kupferoxydul-Trockengleichrichter und in neuerer Zeit besonders Germanium-Gleichrichter verwendet. Mit derartigen Gleichrichterinstrumenten können Wechselgrößen mit Frequenzen bis etwa 20 kHz gemessen werden. Sogenannte Universalmeßgeräte mit Drehspulmeßwerk und Gleichrichter, die mit mehreren Meßbereichen für Wechselströme und -spannungen ausgerüstet sind, können bei Abschaltung der Gleichrichter auch zur Messung von Gleichströmen und -spannungen benützt werden.

### 7. Weich- und Dreheisenmeßwerke

Die sogenannten *Weicheiseninstrumente* nützen die Kraftwirkungen aus, die zwischen magnetisierten Eisenstücken oder zwischen einem Eisenstück und einer magnetisierenden Spule entstehen. Diese Kraftwirkungen sind dem Quadrat der magnetischen Induktion $B$ proportional und damit von der Richtung von $B$ unabhängig. Da das von einer Spule hervorgebrachte magnetische Feld bei diesen Geräten im wesentlichen in Luft verläuft, kann man die Induktion $B$ dem fließenden Strom proportional ansetzen. Da das Instrument ferner wegen seiner Trägheit bei den meisten Bauarten den Momentanwerten der Kraftwirkung nicht zu folgen vermag, sondern den Mittelwert bildet, zeigen die Instrumente bei Wechselströmen den Effektivwert an.

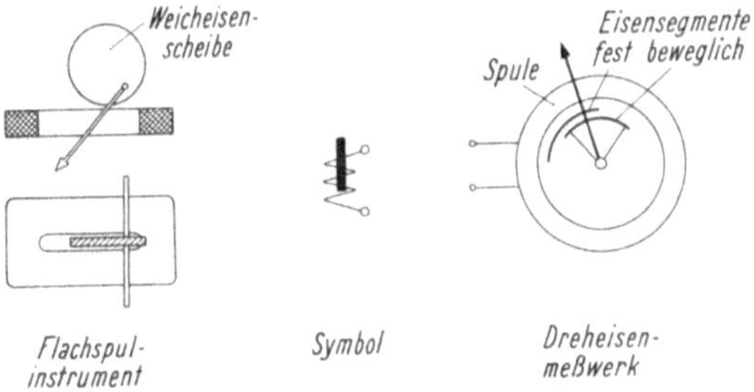


**Bild 30. Weicheisenmeßwerk mit Flach- und Rundspule**

Bei einer älteren Bauform der Weicheiseninstrumente, dem sogenannten Flachspulinstrument, wird ein auf der Instrumentenachse exzentrisch befestigtes Eisenscheibchen in die neben der Achse angeordnete Flachspule hineingezogen. Die Funktionsweise dieser, in Bild 30 links schematisch dargestellten Bauform hat zu der im gleichen Bild Mitte wiedergegebenen Meßwerkskennzeichnung für Weicheiseninstrumente geführt. Auch bei diesen Instrumenten wird das Rückstellmoment für das bewegte System von Federn oder bei manchen älteren Konstruktionen durch Gegengewichte hervorgebracht. Durch geeignete Formgebung für das zu magnetisierende Eisenscheibchen und durch eine entsprechend angepaßte Kennlinie des rückstellenden Feder- oder Gewichtsmoments lassen sich Skalenverläufe erzielen, die trotz der quadratischen Kraftwirkungen im Meßwerk, die entsprechend eine quadratisch geteilte Skala verlangen würden, eine etwa zwischen 10 und 100% des Ausschlages lineare Teilung besitzen. Die moderne Bauform des Weicheiseninstrumentes, das *Dreheisenmeßwerk* (schematisch in Bild 30 rechts), besitzt eine zylindrische Spule, in deren Mitte sich die Drehachse des bewegten Systems befindet. Dieses trägt entweder ein Eisenplättchen, das zylinderförmig gebogen und trapezförmig oder dreieckig geschnitten ist. Ihm steht auf der Innenseite der Spule fest ein zweites ähnliches Eisenplättchen gegenüber, das im gleichen Sinn parallel zur Spulenachse magnetisiert wird, infolgedessen das bewegliche Blättchen abstößt und dadurch die Zeigerachse des Instrumentes verdreht. Bei einer anderen Bauform des Dreheisenmeßwerkes werden ein festes und ein bewegliches Eisenplättchen rechteckiger Form radial in der Spule angeordnet, wobei das eine mit der Instrumentenachse verbunden, das andere an der Spule befestigt ist. Die beiden gleichsinnig magnetisierten Teilchen bewegen sich mit zunehmender Auslenkung zueinander wie die Schenkel eines sich öffnenden Winkels.

Die großen Räume, die im Weicheiseninstrument der vom Meßstrom erzeugte Fluß erfüllt, führen zu einer erheblichen Blindleistungsaufnahme der Geräte. Außerdem werden mit zunehmender Frequenz der zu messenden Ströme durch die Wirbelströme in den magnetischen Eisenteilen die Kraftwirkungen erheblich herabgesetzt. Aus beiden Gründen sind Weicheiseninstrumente im wesentlichen für technische Frequenzen bis etwa 100 Hz geeignet. Präzisionsweicheiseninstrumente mit ausgesuchten magnetischen Materialien und spezieller konstruktiver Ausbildung können so ausgeführt werden, daß ihre Skala für eine Eichung mit Gleich- und Wechselstrom bis zu Frequenzen von vielleicht 150 bis 350 Hz identisch gleich ist. Da die überwiegende Anzahl der Weicheiseninstrumente zur Messung von Strömen und Spannungen in Betriebsanlagen dienen, werden sie mit geringer Genauigkeit ausgeführt, auch kann auf eine Gleichheit der Skalen für Gleich- und Wechselstrom meist verzichtet werden.

Eine Sonderbauform der Weicheiseninstrumente verwendet zur Frequenzmessung ein in seiner Eigenfrequenz erregtes schwingungsfähiges Meßsystem. Bei den meist für die Frequenzen der üblichen Stromversorgungsnetze ausgelegten *Zungenfrequenzmessern* ist eine kammartige Reihe federnder Stahlzungen verschiedener Länge auf der dem Beobachter zugewandten Spitze zur besseren Erkennbarkeit mit viereckigen Abschlußblechen versehen. Die einzelnen Blattfedern geraten unter der Wirkung eines von einem Strom der zu messenden Frequenz gespeisten Elektromagneten in Schwingungen, wobei größere Ausschläge infolge der mechanischen Resonanz allein bei der mit ihrer Eigenfrequenz angeregten Zunge zustande kommen. Bei Verwendung eines einfachen Wechselstrommagneten treten Anziehungskräfte jeweils zweimal pro Periode auf, so daß bei 50 Hz eine Zunge mit 100 Hz Eigenschwingung die größten Ausschläge zeigt. Fügt man in den magnetischen Kreis noch einen zusätzlichen Permanentmagneten mit der Induktion $B_=$ ein, dann ist für die Erregung der Zungen in dem Ausdruck für die wirkenden magnetischen Kräfte

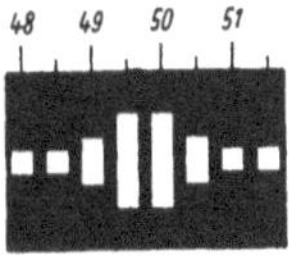

Bild 31. Anzeige eines Zungenfrequenzmessers

$$P_{\text{magn}} = k \cdot (B_= + B_\sim)^2 = k \cdot (B_=^2 + 2\,B_= \cdot B_\sim + B_\sim^2)$$

gerade das mit einfacher Frequenz behaftete Glied

$$2\,k \cdot B_= \cdot B_\sim$$

ausschlaggebend, sofern $B_=$ größer als $B_\sim$ ist. Eine schematische Darstellung des Erregungszustandes mehrerer Zungen eines solchen Frequenzmessers bei einer Frequenz von 49,75 Hz ist in Bild 31 wiedergegeben.

## 8. Dynamometrische Meßinstrumente

Beim Drehspulinstrument ist das entstehende Drehmoment von dem in der Spule fließenden Strom und von der Stärke des Feldes des Permanentmagneten abhängig. An die Stelle des letzteren tritt bei den *dynamometrischen Instrumenten* (siehe die schematische Spulenanordnung in Bild 32 mit der Meßwerkskennzeichnung daneben) ein Spulensystem, das ein dem Spulenstrom $i_1$ proportionales Magnetfeld erzeugt. Auf die in diesem Feld drehbar angeordnete, vom Meßstrom $i_2$ durchflossene Drehspule wirkt ein Drehmoment, das vom Produkt der beiden Ströme nach folgender Formel abhängig ist:

$$D = k \cdot i_1 \cdot i_2.$$

Die dynamometrischen Meßwerke dienen vorzugsweise der Messung von Leistungen bei Wechselstrom. Wird ein solches Instrument mit seinem Strompfad, der meist durch die Windungen der feststehenden Spule gebildet wird, in die Zuleitung zu einem Verbraucher nach Bild 33 geschaltet und wird über einen geeigneten Vorwiderstand der beweglichen Spule ein Strom zugeführt, der der am Verbraucher liegenden Spannung $u$ genau proportional ist, dann entsteht im Instru-

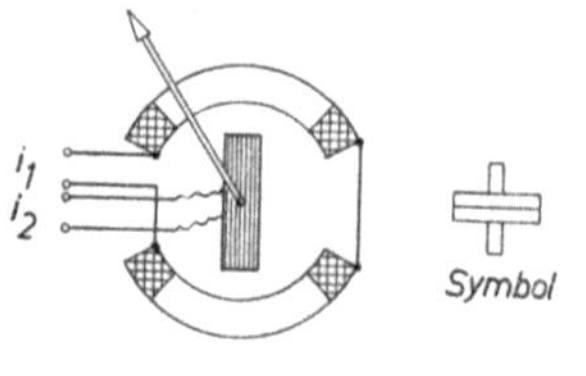


Bild 32. Spulenanordnung und Darstellungssymbol des dynamometrischen Meßwerkes

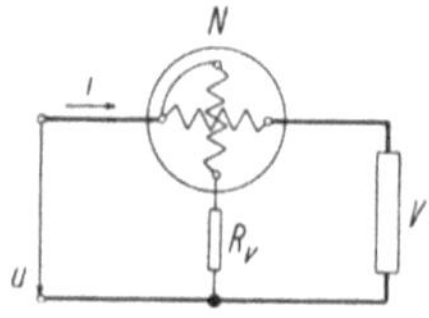


Bild 33. Elektrodynamisches System als Leistungsmesser

ment ein Drehmoment, das in jedem Augenblick dem Momentanwert des Produktes aus Strom und Spannung am Verbraucher entspricht. Der zeitliche Verlauf dieses Moments ist damit identisch mit dem der vom Verbraucher aufgenommenen Leistung. Durch die mechanische Trägheit bildet das Meßsystem des Instruments den arithmetischen Mittelwert und zeigt dabei die dem Verbraucher zugeführte Wirkleistung unabhängig vom zeitlichen Verlauf von Strom und Spannung genau an. Bei sinusförmigen Strömen und Spannungen entspricht das Drehmoment an der Instrumentenachse der Wirkleistung gemäß der folgenden Formel:

$$N = U_{eff} \cdot I_{eff} \cdot \cos \varphi.$$

Für Sonderaufgaben insbesondere zur Leistungsmessung in Mehrphasen- oder Drehstromsystemen werden manchmal mehrere dynamometrische Meßwerke mechanisch miteinander gekoppelt. Dies geschieht entweder durch Anordnung aller bewegten Systeme auf einer gemeinsamen Achse oder durch Kopplung über hochwertige Bandtriebe.

Schaltet man bei einem einfachen dynamometrischen Meßwerk die feste und die bewegliche Spule hintereinander und speist in die Reihenschaltung einen Strom ein oder legt sie über einen Vorwiderstand an eine Spannung (siehe Bild 34),

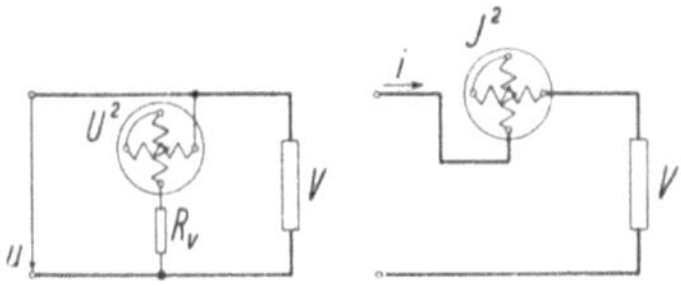


Bild 34. Schaltungen des elektrodynamischen Meßwerkes zur Spannungs- und Stromanzeige (Effektivwerte)

dann entsteht in den Meßwerken ein dem Quadrat des Momentanwertes von Strom oder Spannung proportionales Drehmoment. Derartige dynamometrische Strom- und Spannungsmesser zeigen Effektivwerte genau an, haben eine quadratisch geteilte Skala und können mit Gleichstrom geeicht werden.

### 9. Wirbelstrommeßwerke

Die Bauform der von dem Italiener Galileo Ferraris (1847–1897) angegebenen *Wirbelstrommeßwerke* hat im grundsätzlichen eine gewisse Ähnlichkeit mit der der dynamometrischen Leistungsmesser. In Bild 35 links ist für eine Bauform mit einem glockenförmigen Anker dargestellt, daß über zwei gekreuzte Spulensysteme in dem Aluminiumanker Ströme induziert werden, da die Strombahnen der Trommel und die Wicklungen der entsprechenden Spule über einen gemeinsamen magnetischen Wechselfluß miteinander verkettet sind. Zur Führung dieses Flusses ist ein lamelliertes vierpoliges Eisensystem mit nach innen gerichteten Einzelpolen vorgesehen und außerdem noch im Innern der drehbaren, glockenförmig ausgeführten Aluminiumtrommel ein feststehender lamellierter Eisenkern angeordnet. Aus der Darstellung in Bild 35 ist zu ersehen, daß die Stromfäden, die von der Spule 1 erzeugt werden, sich im Flußbereich der Spule 2 befinden und demzufolge nach Maßgabe des Produktes $\Phi_2 \cdot J_1$ ausgelenkt werden. Das Gleiche gilt für die Stromfäden der Spule 2 ($J_2$) und den Fluß der Spule 1 ($\Phi_1$). Das Drehmoment auf das ohne jede elektrische Zuleitung und ohne jede isolierenden Trennfugen als metallischer Zylinder aufgebaute bewegliche System ist dem Produkt von Strom und Fluß oder der beiden Ströme in den beiden Erregerspulen unter

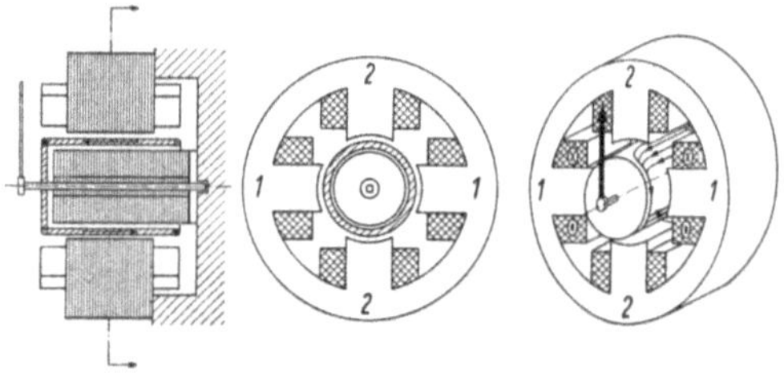


Bild 35. Ferraris-Meßwerk mit Glockenanker

Berücksichtigung der Phasenverschiebungen etc. proportional. Das Meßwerk ist also zur Leistungsmessung und zur Effektivwertbestimmung von Strömen und Spannungen geeignet. Konstruktiv wird das bewegliche System, besonders bei den später noch zu besprechenden Zählern häufig nicht als Glocke, sondern als ebene Scheibe ausgebildet. Im Gegensatz zu allen anderen bisher betrachteten Anordnungen kann sich das bewegliche System beim Wirbelstrommeßwerk über beliebige Winkel drehen.

### 10. Nullinstrumente

Als Nullinstrumente werden überwiegend hochempfindliche Lichtzeigerinstrumente verwendet, bei denen aus der Art der Aufgabe heraus die Genauigkeit weniger bedeutungsvoll und dafür die Empfindlichkeit extrem hoch getrieben ist. Die beweglichen Systeme der Nullinstrumente haben eine

Band- oder Fadenaufhängung, die möglichst richtkraftarm ausgebildet ist. Bei Gleichströmen und Gleichspannungen werden Instrumente der Drehspultype (*Galvanometer*) benutzt. Der Zeiger ist in praktisch allen Fällen als Lichtzeiger ausgebildet, wobei meist im Lichtstrahl einer im Instrumentengehäuse untergebrachten Spezialglühlampe eine Fadenmarkierung über den am ausgelenkten System angebrachten Spiegel auf der Skala abgebildet wird (objektive Ablesung). Bei einfacheren Ausführungen und gelegentlich auch bei Montagemessungen wird die Skala über ein Fernrohr und den Spiegel am Meßwerk anvisiert (subjektive Ablesung). Das Kernmagnetmeßwerk mit Bandaufhängung der Drehspule ist wegen seines einfachen Aufbaus als Nullinstrument sehr gut geeignet, weil eine Linearität der Skala nicht gefordert wird.

Wechselströme und -spannungen können mit Röhrenschaltungen zusätzlich verstärkt, über Elektronenstrahlgeräte in Form von Lissajousfiguren sichtbar gemacht und derartige Anordnungen dann als Nullindikatoren verwendet werden. Im Bereich der gut hörbaren Töne, insbesondere im höchsten Empfindlichkeitsbereich des Ohres zwischen 800 und etwa 1000 Hz ist der Kopfhörer evtl. auch mit einem vorgeschalteten Röhrenverstärker ein sehr einfaches, hochempfindliches Nullinstrument. Bei einer Reihe von Brücken- und Kompensationsmethoden für 50 Hz ist ein selektives, d. h. nur auf das Verschwinden der Grundwelle ansprechendes Nullinstrument erforderlich. Diese Forderung wird von den sogenannten *Vibrationsgalvanometern* erfüllt. Dieses Instrument besitzt als ausgelenktes System ein drehbares Eisenteilchen, auf das ein zeitlich konstantes magnetisches Gleichfeld und ein von der Meßgröße hervorgerufenes Wechselfeld so einwirken, daß es im Takte der letzteren resultierend drehend ausgelenkt wird. Seine Bewegungen werden über Spiegel und Lichtzeiger auf einer Mattscheibe durch Verbreiterung eines schmalen Lichtstreifens sichtbar gemacht. Das mechanische System wird durch seine eigenen Massen und die teils in der Aufhängung, teils in dem erregenden Gleichfeld liegenden Rückstellkräfte auf Resonanz mit der erregenden Frequenz abgestimmt. Da das mechanische Meßwerk nur sehr schwach gedämpft ist, liegt ein Resonanzsystem sehr hoher Güte vor. Das bewegte System wird bei extremer Empfindlichkeit allein von der Grundwelle des fließenden Stromes zu Bewegungen angeregt.

## XIII. Oszillografen, Zähler, Zusatzgeräte für Messungen, Meßmethoden

### 1. Aufgabenstellungen beim Oszillografen und Koordinatenschreiber

Oszillografen dienen zur Registrierung oder Beobachtung schnell verlaufender elektrischer Vorgänge, die von den üblichen, Mittelwerte anzeigenden Meßwerken nicht mehr wiedergegeben werden bzw. bei denen die Instrumenten-Ausschläge mit dem Auge nicht mehr in ihrem charakteristischen Ablauf erkannt werden können. Bei einem Oszillografen muß also ein Zeiger, meist ein Elektronenstrahl oder ein Lichtstrahl, in 2 meist senkrecht zueinander stehenden Koordinaten abgelenkt werden, und zwar in der einen Richtung proportional zu der zu messenden Größe, in der anderen Richtung proportional zur Zeit oder zu einer Funktion derselben. Streng genommen sind die Meßwerke und Registrieranordnungen der Oszillografen grundsätzlich *Koordinatenschreiber*, wobei allerdings in vielen Fällen in der einen Koordinatenrichtung eine Auslenkung möglichst streng proportional zu der Zeit angestrebt wird.

Von dem französischen Physiker Jules Antoine Lissajous (1799 bis 1880) ist bereits lange vor der Entwicklung der technischen Oszillografen der Vorschlag gemacht worden, zeitlich veränderliche Vorgänge durch die Kurven zu kennzeichnen, die entstehen, wenn in 2 rechtwinkligen Koordinatenachsen einerseits die zu betrachtende periodische Größe, andererseits eine ihr zugeordnete physikalische Zeitfunktion, z. B. eine Sinusfunktion gleicher Frequenz, geschrieben wird. Dieses Verfahren wird allgemein unter Benutzung moderner Elektronenstrahlröhren für sehr viele Aufgaben eingesetzt. Die resultierende Auslenkung eines Elektronenstrahls bei Einwirkung zweier zeitlich sinusförmig veränderlicher elektrostatischer oder elektromagnetischer Ablenkungsfelder gleicher

Frequenz führt zur Aufzeichnung einer Ellipse, die je nach der Phasenlage und dem Amplitudenverhältnis in eine Gerade oder einen Kreis übergeht. Ganzzahlig einander zugeordnete Frequenzen ergeben kompliziertete Kurven, die aber trotzdem Aussagen über Frequenz- und Amplitudenverhältnis sowie die gegenseitige Phasenlage erlauben. Mit Kunstschaltungen lassen sich Zykloiden als Summendarstellungen zweier Frequenzen schreiben, die zur Frequenzmessung bzw. zum Frequenzvergleich sehr geeignet sind. Die Kennlinien beispielsweise von Röhren, Gleichrichterelementen und magnetischen Materialien lassen sich mit einer beachtlichen quantitativen Genauigkeit gleichfalls direkt aufzeichnen.

Die Anzeigen von Oszillografen und Koordinatenschreibern können fotografisch registriert werden. Dies Verfahren wird bei sehr schnell oder sehr langsam verlaufenden einmaligen und periodischen Vorgängen verwendet und kann bei mittleren Aufzeichnungsgeschwindigkeiten und besonders bei periodischen Kurvenabläufen durch eine Beobachtung ersetzt werden, da das Auge einerseits schnell verlaufende Lichteindrücke über eine gewisse Zeit speichert, andererseits sie bei ausreichender Bewegungsgeschwindigkeit eines laufenden Punktes als zusammenhängenden Kurvenzug aufnimmt. Bei Elektronenstrahloszillografen kann für diese Aufgabenstellung zusätzlich ein nachleuchtender Schirm verwendet werden. Periodische Vorgänge werden bei Verwendung einer gleichfrequenten, streng zeitproportionalen Ablenkung als stehende Bilder geschrieben. Die Frequenz der Zeitablenkung kann dabei der Frequenz des betrachteten Vorganges gleich oder ein ganzzahliges Vielfaches oder ein ganzzahliger Teil derselben sein. Fotografische Registrierungen bei periodischen Vorgängen werden meist nur über eine oder wenige Perioden erstreckt.

## 2. Oszillografische Meßwerke

Meßwerke für Oszillografen sind als elektrostatische oder elektromagnetische Systeme aufgebaut und benutzen Licht- oder Elektronenstrahlen als Zeiger, die letzteren dabei gleichzeitig als ausgelenkten Teil des Meßwerkes. Wie auf Seite 45 bereits dargestellt und beschrieben, werden zur Strahlerzeugung in der Braunschen Röhre die emittierten Elektronen im Raum zwischen der Kathode und der für den Strahldurchtritt mit einer Bohrung versehenen, meist plattenförmigen Anode nach Maßgabe der an der letzteren liegenden Spannung beschleunigt und durch die Linsenelektroden und deren Potentiale zum Abbildungspunkt auf dem Schirm konzentriert. Für die Ablenkung repräsentieren in einem elektrostatischen Feld die einzelenen Elektronen Ladungen $Q$, die den Feldkräften unterworfen sind. Beim Durchtritt durch die Felder von meist zwei senkrecht zueinander angeordneten Meßkondensatoren (Ablenkplattenpaaren $P_1$ und $P_2$) erfahren die den Strahl bildenden Elektronen Beschleunigungen in Richtung

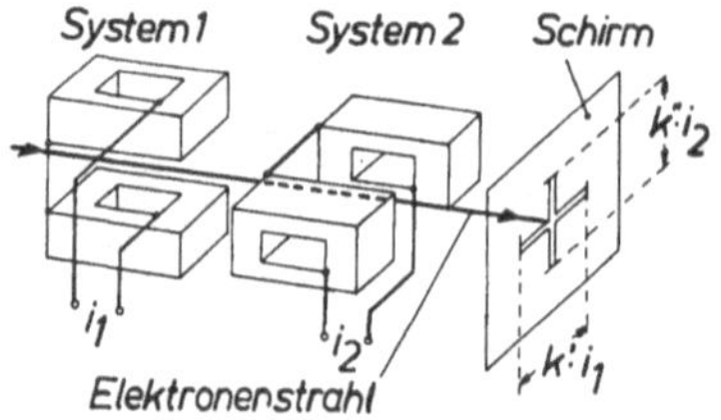


Bild 36. Magnetische Ablenkung eines Elektronenstrahls

der Feldlinien zwischen den Plattenpaaren senkrecht zu ihrer Hauptflugrichtung. In einem magnetischen Feld repräsentiert die Summe der fliegenden Elektronen einen Strom, der senkrecht zur eigenen Richtung und zu der des Magnetfeldes durch dieses ausgelenkt wird. Mit zwei gekreuzten Magnetfeldern, wie in Bild 36 gezeigt, läßt sich also auch mit diesem Ablenkverfahren ein Koordinatenschreiber schaffen.

Die Winkelauslenkung des Elektronenstrahles hängt dabei:

1. von der zur Auslenkung wirksamen elektrostatischen oder magnetischen Feldstärke,
2. von der Weglänge der Elektronen im ablenkenden Feld,
3. von der Geschwindigkeit der Elektronen in diesem Teil ihrer Bahn ab.

Je höher die Elektronengeschwindigkeit ist, desto geringer ist unter sonst gleichen Verhältnissen ihre Auslenkung. Um bei sehr schnell verlaufenden einmaligen Vorgängen die erforderliche Leuchtintensität am Schirm zu erreichen, müssen aber die Elektronen dort mit hoher Energie, d. h. hoher Geschwindigkeit auftreffen. Dem Widerspruch zwischen den Forderungen hoher Auslenkungsempfindlichkeit und ausreichender Helligkeit kann man in gewissem Umfang dadurch entgehen, daß man den Elektronenstrahl durch geeignete gegenüber der Anode zusätzlich positiv aufgeladene Elektroden im Raum zwischen den für die Aufzeichnung schnell

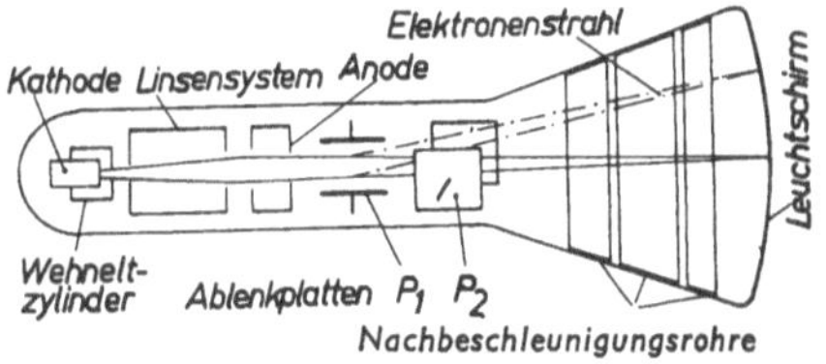


Bild 37. Elektronenstrahlröhre mit Nachbeschleunigungssystem

veränderlicher Vorgänge immer benutzten elektrostatischen Ablenkplatten und dem Schirm nochmals beschleunigt (*Nachbeschleunigungsrohr*). Die dazu benutzten Elektroden können meist einfach als leitende zylindrische oder konische Beläge auf der Innenseite des Elektronenstrahlrohres angebracht werden (siehe Bild 37).

Diesen beiden Meßwerksbauformen des „masselosen Oszillografen" stehen die massebehafteten Oszillografenschleifen oder *mechanischen Schwinger* gegenüber. Die hier verwendeten Meßwerke sind Sonderbauformen des Drehspulmeßwerkes oder des dynamometrischen Meßsystems. Für die Anzeige von Strömen und Spannungen wird gemäß der schematischen Darstellung in Bild 38 ein Meßwerk mit einem Permanentmagneten benutzt, in dessen Feld sich eine zu 2 einfachen Strombändern entartete Drehspule befindet. Hin- und Rückleitung dieser Schleife, d. h. die beiden Bänder, liegen so nahe beieinander, daß auf einen dazwischenliegenden Kern zur

Führung des Flusses verzichtet werden kann. Die entgegengesetzt gerichteten Auslenkungen beider Leiter führen zu einer Verdrehung eines auf diese Leiter gekitteten kleinen Glasspiegels von etwa 1 mm² Oberfläche, der einen feinen auffallenden Lichtstrahl nach der Reflexion seitlich auslenkt. Bei hoher mechanischer Spannung der beiden aus Bronze bestehenden Leiterbänder entsteht ein unempfindliches, d. h. für gegebene Auslenkungen mit relativ hohen Strömen zu speisendes Meßwerk, das aber eine hohe Eigenfrequenz des schwingungsfähigen mechanischen Systems besitzt und in-

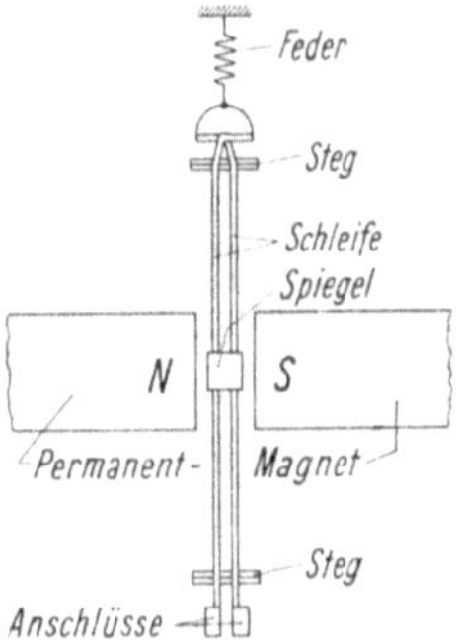


Bild 38. Oszillografenschleife, Anordnungsschema

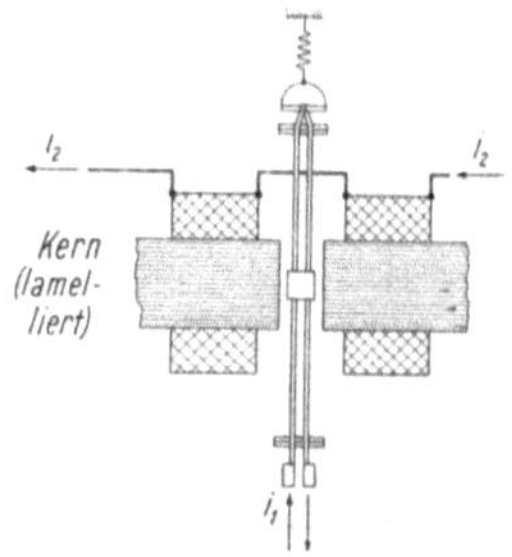


Bild 39. Dynamometrische Oszillografenschleife

folgedessen auch schnellen Änderungen des speisenden Stromes zu folgen vermag. Umgekehrt liegt bei geringer mechanischer Spannung der Bronzebänder, d. h. kleinen Rückstellmomenten des Systems ein bereits durch kleine Ströme auslenkbares hochempfindliches Meßwerk vor, dessen Eigenfrequenz dann entsprechend niedriger ist und das infolgedessen schnellen Änderungen der Meßgröße nicht mehr fehlerfrei folgt. Zur Dämpfung der durch die eigene Schwingungsfähigkeit des Systems bei schnellen Anzeigeänderungen entstehenden „Eigenschwingungen“ wird das gesamte Meßwerk in Öl eingesetzt. Meßwerke hoher Stromempfindlichkeit haben

Eigenfrequenzen zwischen 500 und etwa 2000 Hz, dabei Maximalströme in der Größenordnung von 1 bis einigen mA. Unempfindliche Meßwerke benötigen zur vollen Auslenkung Ströme zwischen 50 und 200 mA, wobei Eigenfrequenzen zwischen 8 und 15 kHz für das mechanische System vorliegen.

Das schwingungsfähige Meßwerk der Schleifen führt bei der Anzeige von Vorgängen, die hohe Frequenzen enthalten, zu *Amplituden- und Phasenfehlern.* Die Amplitudenfehler, die die ungedämpfte Schleife bei Resonanzfrequenz zu beliebig großen Ausschlägen bringen würden, werden weitgehend durch die Dämpfung vermindert. Aber bereits bei Oberwellen im Meßwert, deren Frequenzen bei 50—70% der Resonanzfrequenz der ungedämpften Schleife liegen, treten in der Anzeige Phasenfehler auf, die das dargestellte Bild in sehr unangenehmer Weise verfälschen. Diese Erscheinungen begrenzen die Einsatzbereiche der massebehafteten Meßwerke.

Eine Sonderbauform des mechanischen Schwingers, wie sie in Bild 39 schematisch dargestellt ist, besitzt statt des Permanentmagneten einen hochwertigen lamellierten Weicheisenkern, der von einem weiteren Meßstrom magnetisiert werden kann. Diese Meßwerke dienen zur Aufzeichnung des zeitlichen Verlaufs von Leistungen, können aber nur mit geringen mechanischen Rückstellmomenten, d. h. bei der gegebenen Masse der Strombänder und des Spiegels für relativ niedrige Eigenfrequenzen hergestellt werden, weil auch die auslenkenden Momente, bei den geringen mit der feststehenden Spule erzielbaren Feldstärken klein sind.

### 3. Verfahren der Koordinatenaufzeichnung und Zeitablenkung

Die Aufgabe der zweiachsigen Aufzeichnung in karthesischen Koordinaten wird beim Elektronenstrahloszillografen durch die beiden am gleichen Strahl nacheinander wirksamen elektrostatischen oder elektromagnetischen Auslenkfelder erfüllt. Sollen mit Elektronenstrahloszillografen mehrere Vorgänge gleichzeitig registriert werden, so benutzt man manchmal in der einzelnen Röhre nur eine einachsige, der Meßgröße proportionale Ablenkung und vereinigt optisch die Bilder mehrerer Röhren auf einer Registriertrommel, auf der die zeitproportionale Ablenkung durch Bewegung des fotografischen Films oder Papiers bewerkstelligt wird.

Auch bei den massebehafteten Meßwerken ist durch Kombination zweier Schleifen mit einer dazwischen liegenden Optik eine Koordinatenaufzeichnung möglich. Wie Bild 40 zeigt, wird der Lichtstrahl durch den ersten Schwinger in einer Ebene abgelenkt, aber durch eine zwischen den beiden Meßwerken liegende Linse immer wieder auf den Spiegel des zweiten Schwingers gebracht, wo er allerdings mit wechselnder Richtung auftrifft. Der vom zweiten Schleifenspiegel reflektierte Strahl erfährt damit eine Auslenkung in beiden Richtungen nach Maßgabe der Anzeigen der beiden Meßwerke.

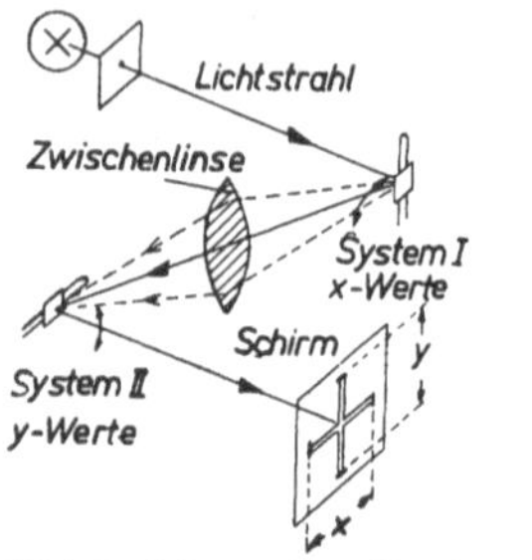


Bild 40. Schema eines Koordinatenschreibers

Derartige Anordnungen werden aber als Koordinatenschreiber meist nur bei recht geringen Schreibgeschwindigkeiten unter Benutzung der üblichen Drehspulmeßwerke verwendet.

Für die fotografische Registrierung des zeitlichen Verlaufs von Vorgängen im Oszillografen mit massebehafteten Meßwerken (*Schleifenoszillografen*) wird immer das Registrierpapier bewegt. Zur Beobachtung der Kurvenverläufe bei periodischen Vorgängen wird bei derartigen Oszillografen zur Erzielung einer periodischen zeitproportionalen Ablenkung des Lichtstrahles senkrecht zur Richtung der Meßausschläge ein *Drehspiegelsystem* verwendet. Dieses besteht aus einer Reihe von Planspiegeln, die auf einem Zylinder achsparallel sehr genau justiert sind und führt, wie in Bild 41 schematisch dargestellt ist, den von der Meßschleife senkrecht zur Darstellungsebene, d. h. in Richtung der Spiegeloberflächen abgelenkten Lichtstrahl bei der Drehung der Spiegeltrommel von links nach rechts über eine gewölbte Mattscheibe. Hat der Lichtpunkt durch die Drehung des Spiegels den rechten Rand der Mattscheibe erreicht, dann übernimmt der folgende Spiegel den Lichtstrahl und reflektiert ihn zuerst an den linken Rand, von dem aus er dann wieder zeitlinear nach rechts über die Mattscheibe wandert. Bei Frequenzen oberhalb von etwa 15 Hz sieht man auf der Mattscheibe ein stehendes Bild, aber auch

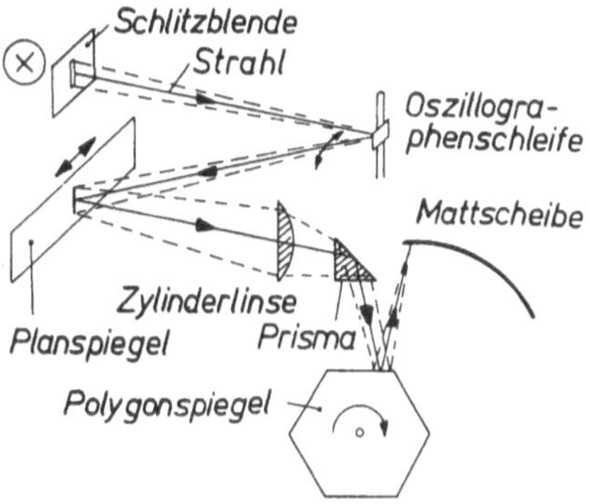


Bild 41. Zeitablenkung über Polygonspiegel

bei langsameren Ablenkungen lassen sich die Vorgänge noch recht weitgehend als zusammenhängende Kurvenzüge mit dem Auge erkennen.

Die Zeitablenkung beim Elektronenstrahloszillografen wird mit Hilfe von *periodischen Kippschwingungen* und einmaligen Ladungs- oder Entladungsvorgängen vorgenommen. Mit Hilfe von Pentoden lassen sich z. B. nach Bild 42 Schaltungen aufbauen, durch die aus einer Gleichspannungs-

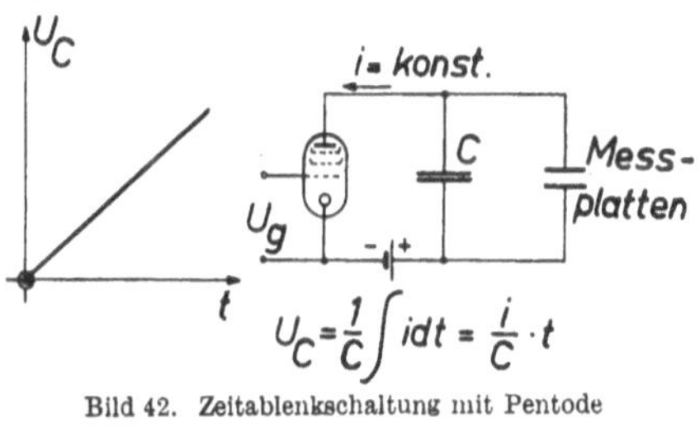


Bild 42. Zeitablenkschaltung mit Pentode

quelle einem den Ablenkplatten parallel geschalteten Kondensator ein zeitlich konstanter Strom zugeführt wird. Als Integral dieses Stromwertes steigt, wie in Bild 42 links gezeigt, die Spannung am Kondensator zeitlinear an und bewirkt die Ablenkung des Elektronenstrahles in der Zeitachse. Analoge Anordnungen sind auch bei Entladevorgängen möglich.

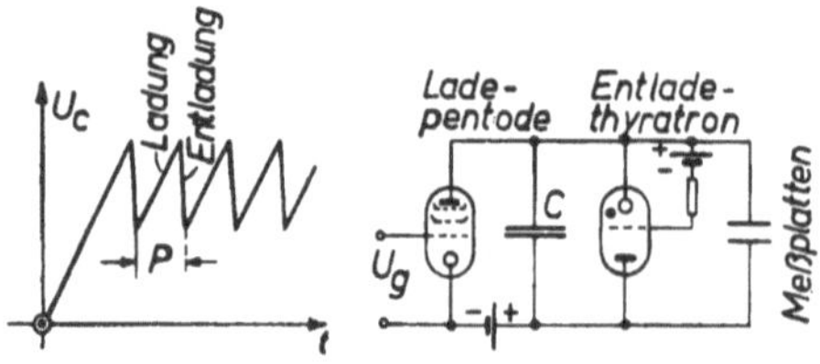


Bild 43. Kippschaltung

Durch geeignete Steuerung wird der Vorgang zur Registrierung eines einmaligen schnellen Vorgangs eingeleitet.

Für periodische Vorgänge wird nach einer definierten Zeit über ein zusätzliches gittergesteuertes Rohr (siehe Schaltung Bild 43 rechts) eine plötzliche Entladung des Kondensators vorgenommen, die die Spannung an diesem und an den Zeitablenkplatten zusammenbrechen und den Elektronenstrahl sehr schnell wieder in die Ausgangslage zu Beginn der Kondensatorladung zurückkehren läßt (Rücklauf). Ist die Gesamtdauer von Ladung und Rücklauf, d. h. die Periodendauer im

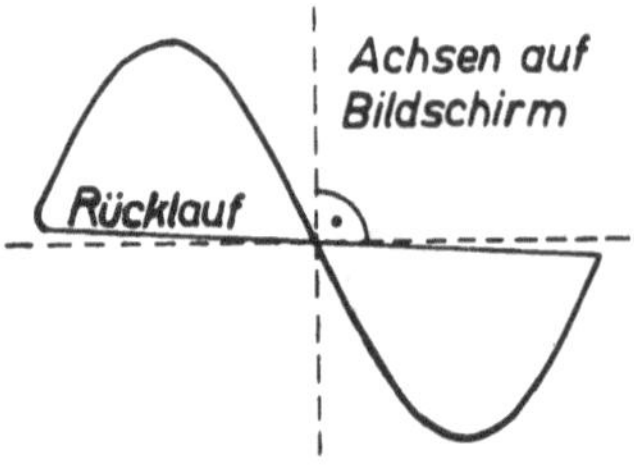


Bild 44. Die Auswirkung des Rücklaufs auf das stehende Bild einer Sinuskurve

Kippkreis, identisch mit der des zu betrachtenden Vorganges, z. B. einer Sinuswelle, dann ergibt sich ein stehendes Bild, wie es in Bild 44 dargestellt ist. Der während des Rücklaufs gezeichnete Teil der darzustellenden Kurve tritt wegen der sehr viel höheren Schreibgeschwindigkeit in diesem Teil des Kurvenzuges im Schirmbild mit geringerer Helligkeit hervor.

Für Sonderaufgaben sind Oszillografen gebaut worden, bei denen die Zeitachse als Kreis geschrieben wird. Dazu wird der Elektronenstrahl über ein Plattenpaar und über ein Magnetfeld, wie in Bild 45 dargestellt, abgelenkt. Bei geeigneter Größe und Phasenlage der an den Ablenkplatten und

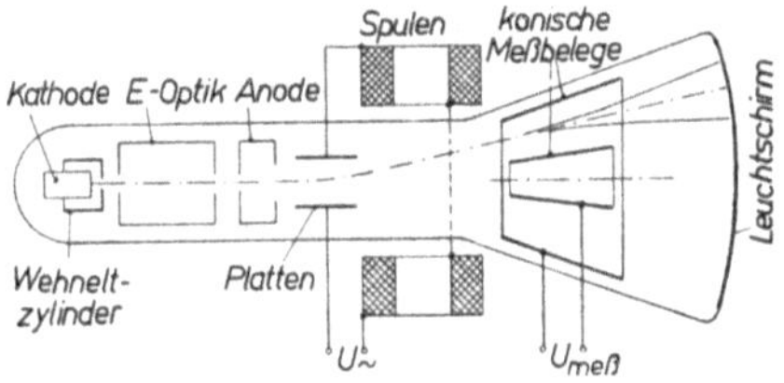


Bild 45. Gemischte Ablenkung eines Elektronenstrahls zur Aufzeichnung einer Kreisbahn

in der Magnetspule wirksamen sinusförmigen Spannungen und Ströme beschreibt der Elektronenstrahl unter Wirkung beider Felder einen Kreis auf dem Schirm. Führt man hinter diesen beiden Ablenksystemen den Strahl durch einen Kondensator, dessen äußerer und innerer Belag die Form von Kegelmänteln haben, dann kann man an diese Elektroden zeitveränderliche Spannungen legen, die über einen Kreis als Zeitbasis geschrieben auf dem Schirm erscheinen. Dieses Darstellungs- und Meßverfahren ist besonders für Phasenwinkel- und Impulsmessungen geeignet.

Zur zusätzlichen Zeitmarkierung kann man bei der üblichen Aufzeichnung einer Spannungs- oder Stromkurve in karthesischen Koordinaten die *Intensitätssteuerung* des Elektronenstrahls heranziehen. Stößt man durch den in der Kippschaltung beim Rücklauf des Strahles entstehenden Stromstoß einen schwingungsfähigen elektrischen Kreis genau bekannter hoher Eigenfrequenz an, so erhält man eine Wechselspannung, mit der man über den Wehnelt-Zylinder die Helligkeit des Strahles steuern kann. Der Strahl schreibt dadurch während der Aufzeichnung der Kurve periodisch hell und dunkel, so daß sich die aufgezeichnete Kurve in eine Perlschnur einzelner Punkte auflöst. Der Zeitabstand zweier Punkte ist gleich der Periodendauer des angestoßenen Schwingungskreises, die Zeitdauern einzelner Abschnitte der aufgezeichneten Kurve lassen sich einfach durch Abzählen der dazwischen liegenden Einzelpunkte der Kurve bestimmen.

### 4. Zähler

Meßwerke, die die Zeitintegrale elektrischer Größen über längere Zeitabschnitte aufzeichnen und registrieren, werden meist als Zähler bezeichnet. Außer der bereits beschriebenen älteren Bauform des Stia-Zählers werden praktisch nur Meßwerke auf der Basis des Drehspul- oder dynamometrischen Systems bzw. für Wechselgrößen des Ferraris-Meßwerkes benutzt.

Der Elektrizitätszähler für Ladungen wird Amperestundenzähler genannt und besitzt in der aus dem Drehspulmeßwerk weiterentwickelten Bauform des sogenannten *Motorzählers* im beweglichen System eine Anordnung mehrerer Spulen, die gegen die gemeinsame Drehachse um gleiche Winkel gegeneinander versetzt sind, wie dies für 6 Einzelspulen schematisch in Bild 46 links dargestellt ist, und die im Feld eines permanenten Magneten umlaufen können. Ein feststehender Führungskörper für den magnetischen Fluß des Feldmagneten, wie er beim Drehspulinstrument verwendet wird, kann hier im Inneren der geschlossenen, umlaufenden zylinderförmigen Spulenanordnung nicht vorgesehen werden. Der Meßstrom wird diesen Spulen über eine Schalteinrichtung zugeleitet, durch die alle Spulen immer so in den Stromkreis eingeschaltet werden, daß alle Leiter gemeinsam zur Bildung des Drehmomentes in gleicher Richtung beitragen, also jeweils, wie in Bild 46 Mitte wiedergegeben, auf einer Hälfte des umlaufenden Systems, des sogenannten Ankers, in der gleichen Richtung den Strom führen. Diese gleichzeitig der Zu- und Ableitung des Stromes zum beweglichen System dienende und die genannte Schaltaufgabe erfüllende Vorrichtung wird *Kollektor* genannt und besteht aus einer Reihe gegeneinander isolierter Kupfersegmente, die, wie in Bild 46 rechts wiedergegeben, insgesamt Zylinderform besitzen, mit der Spulenanordnung durch eine Anzahl Leitungen fest verbunden sind und mit ihr umlaufen. Die einzelnen Kupfersegmente, auf denen 2 feststehende, aus feinen, leicht aufliegenden Silberdrähten bestehende Bürsten schleifen, schalten bei ihrem Durchlauf unter den Bürsten die einzelnen Spulen jeweils nach den oben gekennzeichneten Forderungen um.

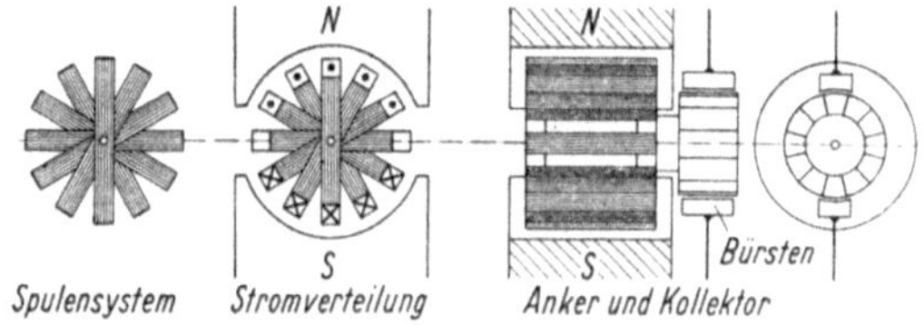


Bild 46. Spulenanordnung bei einem Gleichstrom-Motorzähler

Schaltung und Wirkungsweise dieser Anordnung stimmen weitgehend mit denen der Gleichstrommaschinen überein.

Das von der Summe aller Leiter des umlaufenden Ankers im Felde des Permanentmagneten erzeugte Drehmoment $D$ ist dem auf die Leiter wirkenden magnetischen Fluß und dem fließenden Strom $J_A$ proportional:

$$D = k \cdot \Phi \cdot J_A.$$

Wird dem Strompfad ein konstanter großer Widerstand vorgeschaltet, durch den der Ankerstrom proportional einer an der Reihenschaltung liegenden Spannung $U$ gemacht wird, dann kann nach der Gleichung:

$$D = k' \cdot \Phi \cdot U$$

eine solche Anordnung auch als „Voltstundenzähler“ verwendet werden.

Ersetzt man in dieser Bauform den permanenten Magneten durch zwei stromdurchflossene Spulen, wie dies schematisch in Bild 47 dargestellt ist, dann wird das Drehmoment der Anordnung dem Produkt der Ströme $J_S$ in dem festen und $J_A$ in dem beweglichen Spulensystem proportional:

$$D = k'' \cdot J_A \cdot J_S,$$

wobei nun wieder durch Einfügung eines Vorwiderstandes für einen der beiden Kreise der Strom einer Spannung verhältig gemacht, d. h. nach der Formel:

$$D = k''' \cdot J_A \cdot U_S$$

bzw. $D = k'''' \cdot U_A \cdot J_S$

ein Meßsystem geschaffen werden kann, dessen Drehmoment einer elektrischen Leistung proportional ist.

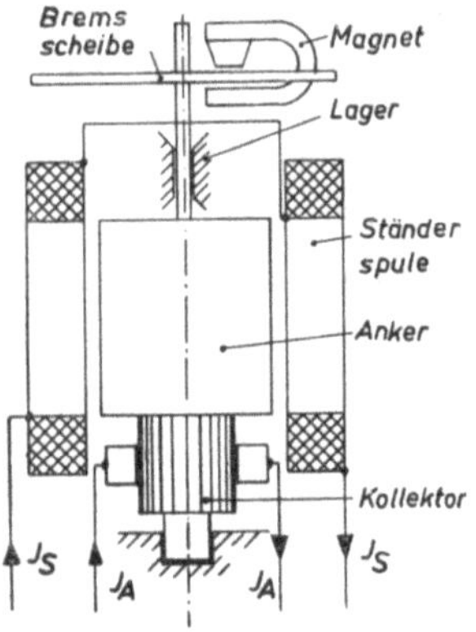


Bild 47. Wattstunden-Motorzähler

Damit sind die Zuordnungen der Meßgrößen zu den zur Messung dienenden Momenten in diesen beiden Bauformen der sogenannten Motorzähler gegeben. Gegenüber den Zeigerinstrumenten liegt ein wesentlicher technischer Unterschied in der konstruktiv gegebenen Möglichkeit, daß das bewegliche System beliebige Drehwinkel ausführen, d. h. sich beliebig oft drehen kann.

Zur Durchführung der Integration, d. h. Summenbildung der Meßgröße über längere Zeitabschnitte wird in den Zählern das Meßwerkmoment von einer *Bremse* aufgenommen, die meist aus einer auf der Achse des bewegten Systems angeordneten Aluminiumscheibe besteht, die sich, wie in Bild 47 dargestellt, im Luftspalt eines starken Permanentmagneten bewegt. Durch die Bewegung des massiven Leiters im Magnetfeld entstehen in diesem Wirbelströme, die zusammen mit den Feldlinien ein der Bewegung entgegengesetzt gerichtetes bremsendes Moment $B$ hervorbringen. So lange die Laufgeschwindigkeit innerhalb gewisser Grenzen bleibt, ist das Bremsmoment, das damit an der Scheibe entsteht, der Winkelgeschwindigkeit $\omega$ bzw. der Drehzahl je Minute $n$ direkt proportional:

$$B = k \cdot \omega = k' \cdot n.$$

Bei der Messung stellt sich beim Zähler ein Gleichgewicht zwischen dem treibenden Moment $D$ des Meßwerkes und dem Bremsmoment $B$ ein. Durch geeignete Lagerung werden die Einflüsse dort auftretender zusätzlicher Momente soweit möglich heruntergedrückt. Damit ergibt sich, daß die sich einstellende Umlaufgeschwindigkeit des bewegten Systems proportional der vom Zähler gemessenen Größe (Strom, Spannung, Leistung) ist. Ein von der Zählerachse angetriebenes Zählwerk bildet das Integral der Winkelgeschwindigkeit über die Zeit zwischen zwei Ablesungen und zeigt damit die Ladung oder die Spannungszeitfläche oder die durch den Zähler gegangene elektrische Arbeit direkt an.

Die aus den Netzen der Elektrizitäts-Versorgungs-Unternehmungen von den einzelnen Verbrauchern abgenommenen Beträge elektrischer Arbeit sind bei Wechselstrom durch das Produkt

$$W = U_{eff} \cdot J_{eff} \cdot \cos \varphi \cdot t$$

gegeben und müssen an einer sehr großen Anzahl einzelner Meßstellen registriert werden. Hierfür ist das *Ferraris-Meßwerk*, wie schon erläutert, besonders gut geeignet. Im Gegensatz zu der in dem Abschnitt XII, S. 55 beschriebenen Bauform für Zeigerinstrumente wird es in Zählern meist nicht mit einem glockenförmigen Anker, sondern mit einer Aluminiumscheibe ausgeführt, auf die zwei gegeneinander versetzte Wechselfelder derart wirksam sind, daß die vom einen Feld induzierten Wirbelströme immer gerade im wichtigsten Linienbereich des anderen Feldes liegen. Bei kleinen Zählern wird eine andere Stelle der gleichen Scheibe gleichzeitig zur Erzeugung des Bremsmomentes beim Durchgang durch den Luftspalt eines Permanentmagneten verwendet. Die Funktion und die Bestimmungsgleichungen sind dieselben wie bei den für Gleichgrößen beschriebenen Zählern.

## 5. Vor- und Nebenwiderstände zu Meßgeräten, Wandler, Meßgleichrichter

Ein den fließenden Strom anzeigendes Meßinstrument kann nach Bild 48 links direkt zur Strommessung verwendet werden, wenn es in die Leitung zwischen Stromquelle $G$ und Verbraucher $V$ eingeschaltet wird. Größe und Art der zu messenden Stromstärke sind dabei durch die Eigenschaften des Meßwerkes und den Stromwert beim Maximalausschlag des Zeigers festgelegt. Soll das gleiche Instrument zur Messung höherer Ströme $J$ verwendet werden, so ist ihm ein Widerstand $R_P$ (bei Wechselstrom ein komplexer Widerstand) parallel zu legen, der den Gesamtstrom $J$ nach Bild 48 Mitte nach Maßgabe des Meßwerkwiderstandes $R_M$ und des Neben-

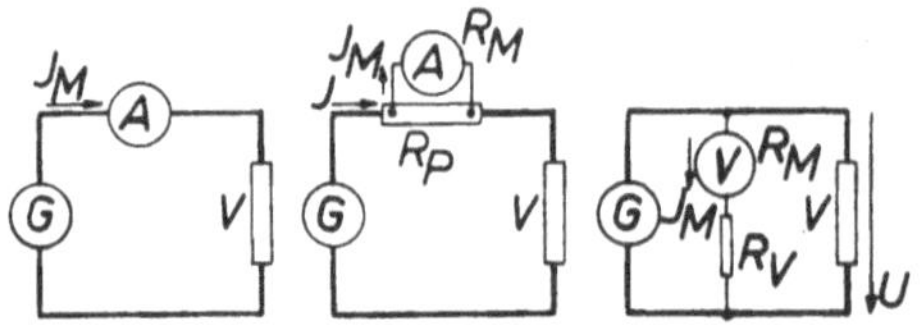


Bild 48. Strom- und Spannungsmessung mit Vor- und Nebenwiderständen

widerstandes oder Shunts $R_P$ so teilt, daß nun durch den über das Meßwerk fließenden Anteil $J_M$ gerade der gewünschte Ausschlag erreicht wird.

Das gleiche auf einen fließenden Strom $J_M$ ansprechende Meßwerk kann nach Bild 48 rechts zur Messung einer Spannung benutzt werden, wenn in Reihe mit dem Instrument ein so bemessener Vorwiderstand $R_V$ gelegt wird, daß im Spannungspfad ein Gesamtwiderstand vorliegt, der bei der angelegten Spannung $U$ gerade den Strom $J_M$ und damit den gewünschten Ausschlag des Instrumentes ergibt.

In analoger Weise könnte z. B. ein elektrostatisches Instrument, das also auf eine anliegende Spannung anspricht, durch Messung des Spannungsabfalls in einem Shunt zur Strommessung eingesetzt werden. Meist werden elektrostatische Instrumente über geeignete kapazitive Vorwiderstände und Spannungsteiler zur Spannungsmessung herangezogen.

Die Genauigkeit der Messung hängt bei diesen Schaltungen, bei denen der ursprüngliche Meßbereich des Instrumentes durch Vor- oder Nebenwiderstände erweitert, d. h. das Instrument der vorliegenden Meßaufgabe angepaßt wird, davon ab, wie weit auch im Betrieb die bei Rechnung und Eichung zu Grunde gelegten Widerstandswerte von Meßwerk und Zusatzwiderstand eingehalten werden. In den *Vor- und Nebenwiderständen* werden bei den einfachen hier betrachteten Schaltungen etwa die Leistungen umgesetzt, die sich aus dem Eigenverbrauch des ursprünglichen Meßinstrumentes multipliziert mit dem Faktor der Meßbereichserweiterung ergeben. Wegen der durch diese Leistungsumsätze sich ergebenden Erwärmungen sind die Widerstände aus Werkstoffen mit

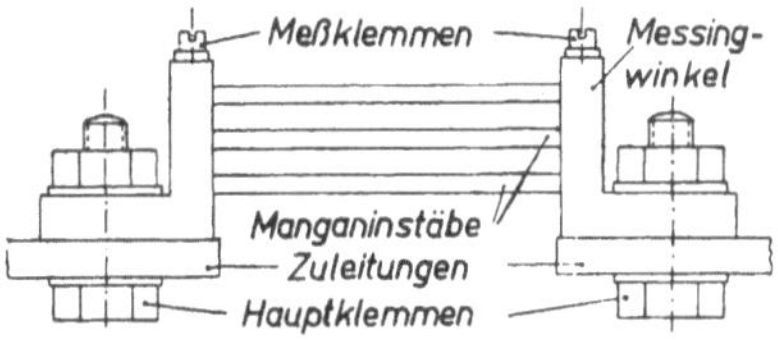


Bild 49. Nebenwiderstand

möglichst kleinen Temperaturkoeffizienten des spezifischen Widerstandes aufzubauen. Für Vorwiderstände kann Konstantan verwendet werden, da die Thermokräfte zwischen den Kupferanschlußleitungen und dem Konstantan bei den üblichen Spannungsmessungen gegenüber den übrigen im Kreis wirksamen Spannungen bedeutungslos sind. Bei Nebenwiderständen, in denen insbesondere bei starken Strömen erhebliche Leistungen umgesetzt werden, können die Thermospannungen durchaus vergleichbar mit den Spannungswerten werden, die in der Parallelschaltung von Instrument und Shunt wirksam sind. Für Nebenwiderstände ist also auf jeden Fall Manganin zu verwenden. Bild 49 zeigt schematisch den Aufbau eines Nebenwiderstandes für höhere Stromstärken, bei dem in 2 dem Hauptstromanschluß dienenden Messingwinkeln einzelne Manganinstäbe oder Bänder zur Erzielung einer möglichst großen wärmeableitenden Oberfläche eingelötet auf teilweise völlig neuartige Weise gelöst werden. Bei dem Vektormesser wird gemäß Bild 51 von einem Synchronmotor über ein einfaches Schaltgetriebe ein Druckkontakt im Takte der den Synchronmotor speisenden Netzfrequenz geöffnet und geschlossen. Je nach Lage des Gegenkontaktes

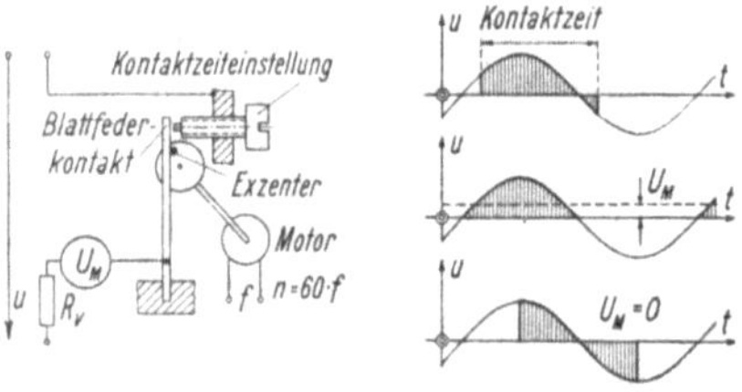


Bild 51. Mittelwertsbildung beim Vektormesser

läßt sich die Schließungs- bzw. Öffnungsdauer (Kontaktzeit) sehr genau einstellen. Durch eine Verdrehung des Ständers des Synchronmotors gegen den Kontaktapparat kann außerdem die Phase der Kontaktzeit beliebig verstellt werden. Wie Bild 51 zeigt, wird der arithmetische Mittelwert einer Halbwelle bezogen auf eine ganze Periodendauer unter Vor-

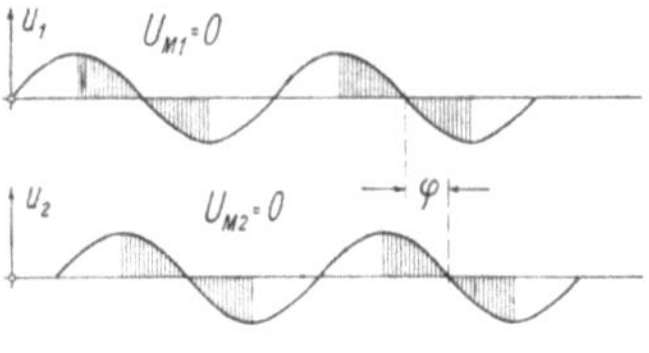


Bild 52. Phasenbestimmung mit dem Vektormesser

schaltung dieses Gerätes vor ein Drehspulinstrument gemessen, wenn die Phasenlage der Halbwelle der Meßgröße bei Maximalausschlag am Instrument gerade mit der Schliessungszeit des Gleichrichterkontaktes übereinstimmt. Die Phasenlage dieser Wechselgröße (in Bezug zu einer anderen Wechselgröße des gleichen Netzes) läßt sich bei Phasenverstellung des Kontaktantriebes am besten im Nulldurchgang der Instrumentenanzeige (siehe Bild 52) bestimmen.

Durch die Eigenschaften dieses Zusatzgerätes, insbesondere seine außerordentlich kleinen Spannungsabfälle bei geschlossenem Kontakt, kann das Drehspulinstrument mit seiner großen Genauigkeit und seinem geringen Eigenverbrauch direkt zur Messung technischer Wechselspannungen und -ströme nach Betrag und Phase benutzt werden. Mit den gleichen Anordnungen können Wirk- und Blindkomponenten von Strömen und Spannungen und ohne Heranziehung trigonometrischer Tafeln Wirk-, Blind- und Scheinleistungen und die entsprechenden Komponenten von Widerständen und Leitwerten direkt bestimmt werden. In Spezialschaltungen und mit Sondereinrichtungen lassen sich die Eigenschaften des Vektor-

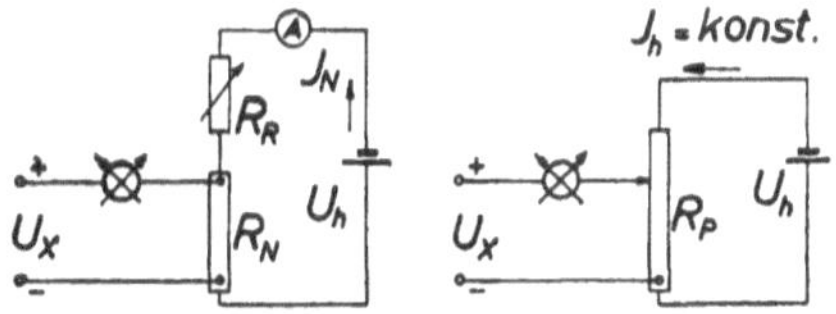


Bild 53. Schaltungen zur Spannungskompensation

messers zur punktweisen Aufnahme von Wechselstromkurven, zur Messung der Eigenschaften von magnetischen Kreisen unter der Wirkung von Wechselflüssen und zur Lösung vieler anderer meßtechnischer Aufgaben verwenden.

## 6. Kompensations- und Brückenmeßverfahren

In einer sogenannten *Kompensationsschaltung* kann die Größe der Spannung $U_X$ einer Quelle unbekannten Innenwiderstandes nach Bild 53 links gemessen werden, wenn man ihr eine an einem stromdurchflossenen Widerstand $R_N$ abzugreifende Spannung so entgegenschaltet, daß die Differenz beider Null wird, d. h. ein hochempfindliches Nullinstrument (gekennzeichnet durch 2 gekreuzte Pfeile) keinen Ausschlag ergibt. Die unbekannte Quelle wird durch die Messung nicht belastet. Der Abgleich der Anordnung erfolgt durch Einstellung des Stromes $J_N$ aus der Hilfsquelle $U_h$ mit dem Stellwiderstand $R_R$. Im abgeglichenen Zustand der Schaltung ist die unbekannte Spannung $U_x = J_N \cdot R_N$. Eine Abwandlung dieser Schaltung nach Bild 53 rechts hält den Strom im Hilfskreis unveränderlich konstant und erlaubt die Einstellung der Kompensationsspannung über den Abgriff auf einem Spannungsteiler $R_P$.

Analog kann ein in einem Stromkreis mit sonst unbekannten Daten fließender Strom $J_X$ nach Bild 54 dadurch gemessen werden, daß man den Kreis, wie gestrichelt gezeichnet, an einer Stelle öffnet und über eine Hilfsquelle hohen Innenwiderstandes einen Strom einspeist, dessen Höhe mit $J_X$ identisch ist und der am Instrument $J_N$ gemessen werden kann. Die Identität der Ströme beider Kreise wird dadurch sichtbar, daß an dem Nullinstrument kein Ausschlag auftritt.

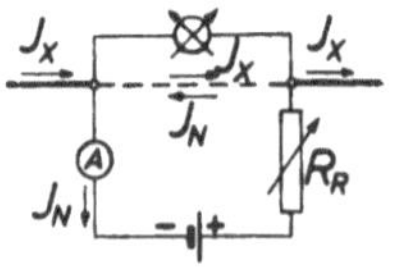

Bild 54. Stromkompensation

Das Kompensationsverfahren für Ströme und Spannungen läßt sich für Gleichgrößen ohne weiteres anwenden und verlangt bei Wechselgrößen eine Übereinstimmung in Frequenz, Phasenlage und Kurvenform von Hilfsstrom bzw. -spannung mit der unbekannten Wechselgröße. Die letztere Forderung ist bei verzerrten Kurvenformen manchmal kaum zu erfüllen. In Wechselstrom- bzw. -spannungskompensatoren werden Amplituden- und Phasenwerte oder 2 meist unter 90° Phasenwinkel stehende Komponentenanteile der unbekannten Größe durch geeignete Stromeinstellungen oder Spannungsabgriffe in Hilfskreisen abgeglichen.

Die Gleichstromkompensatoren gehen zum weitaus größten Teil von der Methode der Spannungskompensation aus. Bei genügend feiner und entsprechend reproduzierbarer Unterteilung des Potentiometers $R_P$ nach Bild 53 lassen sich mit hochempfindlichen Nullinstrumenten sehr genaue Messungen mit den für diese Zwecke besonders ausgebildeten *Präzisionskompensatoren* ausführen. Diese arbeiten meist nach einer der beiden in Bild 55 gekennzeichneten Grundschaltungen mit additiv oder multiplikativ unterteilenden Spannungsteilern. Der über die Spannungsteiler fließende Hilfsstrom wird während der Messung außerordentlich genau konstant gehalten, nachdem er vor der eigentlichen Kompensationsmessung gegen die Spannung eines meist in das Gerät eingebauten Normalelementes in einem eigenen Abgleichvorgang eingestellt wurde. Die Arbeitsweise der in Bild 55 links dargestellten Schaltung mit additivem Spannungsunterteiler geht dabei von 2 an den Enden einer Reihenschaltung liegenden dekadisch unterteilten Potentiometern $P_1$ und $P_2$ beispielsweise mit $10 \times 10\,\mathrm{k}\Omega$ und $10 \times 1\,\mathrm{k}\Omega$ für die ersten

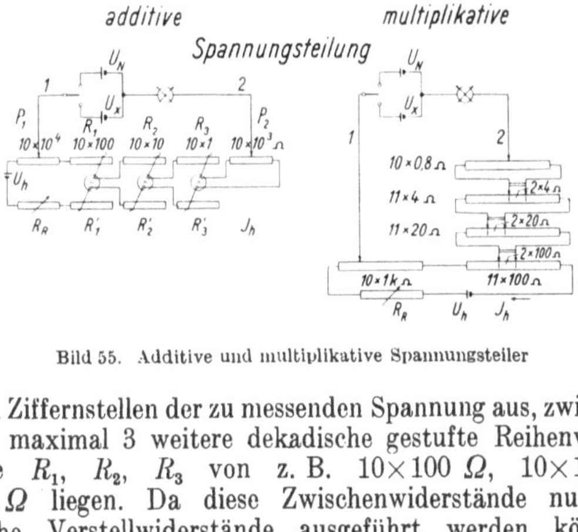


Bild 55. Additive und multiplikative Spannungsteiler

beiden Ziffernstellen der zu messenden Spannung aus, zwischen denen maximal 3 weitere dekadische gestufte Reihenwiderstände $R_1$, $R_2$, $R_3$ von z. B. $10 \times 100\,\Omega$, $10 \times 10\,\Omega$, $10 \times 1\,\Omega$ liegen. Da diese Zwischenwiderstände nur als einfache Verstellwiderstände ausgeführt werden können, sind sie mit einer zweiten Gruppe von Widerständen gleicher Größe paarweise so gekoppelt ($R_1'$, $R_2'$, $R_3'$), daß trotz Veränderung der Widerstandswerte zwischen den Abgriffspunkten 1 und 2 der Gesamtwiderstand des Hilfskreises immer konstant bleibt. Zum Anschluß an das Normalelement wird vor der eigentlichen Messung einer unbekannten Spannung in der in Bild 55 links dargestellten Schaltung ein Hilfsstrom von beispielsweise 0,1 mA im Hilfskreis dadurch festgelegt, daß zwischen den Widerstandsabgriffen ein Gesamtwiderstand von 10183 $\Omega$ entsprechend einer Spannung des Weston-Normalelementes von 1,01830 V bei z. B. 20° C gemäß den in Tafel II, Bd II, S. 87 angegebenen Werten vorgewählt und der Wert des Hilfsstromes selbst durch einen zusätzlichen Einstellwiderstand $R_R$ so eingestellt wird, daß in der gezeichneten Schaltung das Nullinstrument keinen Ausschlag gibt.

Der multiplikative Teiler nach Bild 55 rechts besitzt eine einfache Potentiometerschaltung auf der einen Seite, auf der Gegenseite einen 12-teiligen in den Kreis fest eingebauten Widerstand, auf dem im Abstand von 2 Einheiten 2 fest miteinander gekoppelte Schleifer laufen. Über diese kann der Teilabgriff nun in einem nachfolgenden ebenso aufgebauten Doppelpotentiometer jeweils dekadisch weiter geteilt werden. Auch hier erfolgt die Einstellung des Hilfsstromes mit einem zusätzlichen Reihenwiderstand nach der gleichen Methode wie für die linke Schaltung beschrieben.

Der Gleichstromkompensator kann als außerordentlich genaues und jederzeit an das internationale Normal anzuschließendes Meßinstrument außer für Spannungsmessungen auch für Strommessungen verwendet werden, für die man in dem zu messenden Stromkreis unter Inkaufnahme einer meist zu vernachlässigenden zusätzlichen Meßleistung Shunte genau festliegender Größe einfügt. Die an diesen Nebenwiderständen dann auftretenden Spannungsdifferenzen werden mit dem Kompensator bestimmt. In nacheinander folgender Anwendung beider Schaltungen können z. B. auch Leistungsmesser mit hoher Genauigkeit geeicht werden. Auf die analogen Anordnungen für Wechselstrom (Wechselstrom-Kompensatoren) kann hier nicht eingegangen werden.

Erweitert man die Schaltung des Spannungskompensators nach Bild 53 zur geeigneten Anpassung an die zu messende Spannung $U_X$ dadurch, daß diese über einen Teiler verkleinert und damit die Quelle durch diesen belastet wird, dann sieht man, daß beim Zusammenfassen der beiden dort verwendeten Spannungsquellen die *Brückenschaltung* entsteht, die bereits in Abschnitt VII, Bd II, S. 51 beschrieben wurde. In der dargestellten einfachsten Form ist die von Sir

Charles Wheatstone angegebene Brücke hervorragend zur Messung von Widerständen im Bereich zwischen etwa 1 und 50 000 $\Omega$ geeignet. Bei höheren Widerständen bereitet eine einwandfreie Isolation aller Schaltungspunkte bereits erhebliche Schwierigkeiten, so daß man hier meist die Widerstände aus Strom- und Spannungsmessungen berechnet. Diese sind,

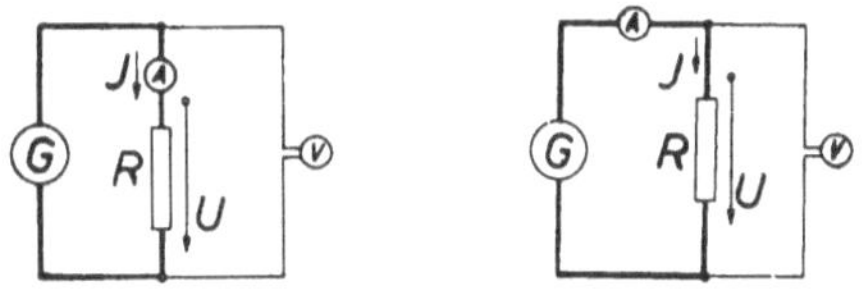

Bild 56. Schaltungen zur Strom-Spannungs-Messung

wie Bild 56 zeigt, grundsätzlich mit dem Nachteil behaftet, daß die elektrischen Werte am Verbraucher jeweils um die dem Eigenverbrauch eines der beiden Meßinstrumente entsprechenden Strom- oder Spannungswerte zu groß bestimmt werden (in Bild 56 links um den Spannungsabfall im Strommesser und in Bild 56 rechts um die Stromaufnahme des

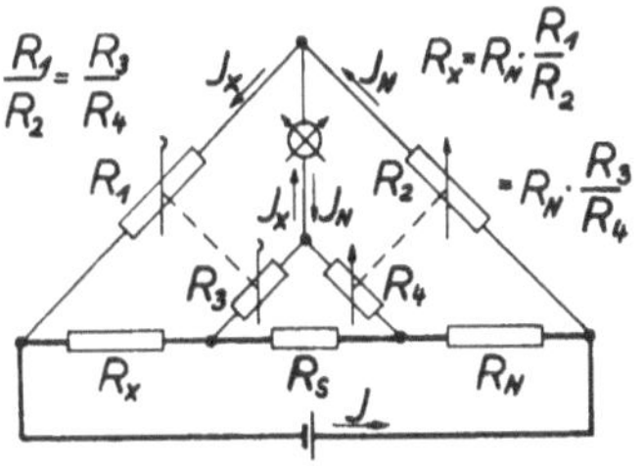

Bild 57. Thomson-Brücke

Spannungsmessers). Bei Gleichstrommessungen können die Fehler durch den Eigenverbrauch der Meßwerke in einfacher Weise rechnerisch im Ergebnis korrigiert werden, bei Wechselstrommessungen sind die Korrekturrechnungen wegen der erforderlichen Berücksichtigung der Phasenlagen schon wesentlich unangenehmer.

Eine Meßbrücke zur Messung extrem niedrigohmiger Widerstände ist in der von Sir William Thomson (1824—1907) angegebenen Schaltung in Bild 57 dargestellt. Ein einwandfreies Funktionieren der Brücke und die Erfüllung der Brückenabgleichbedingung ist gegeben, wenn die Widerstandspaare $R_1$ und $R_3$ und $R_2$ und $R_4$ gleichzeitig gleichsinnig verstellt werden. Dabei kann die Schaltung als ein Stromkompensationsverfahren angesehen werden, bei dem die an dem Normalwiderstand $R_N$ und dem unbekannten Widerstand $R_X$ bei Speisung durch einen gemeinsamen starken Strom $J$ auftretenden Spannungsabfälle in den aus $R_2$ und $R_4$ bzw. $R_1$ und $R_3$ gemeinsam mit dem Nullinstrument gebildeten Kreis 2 entgegengesetzt gleichgroße Ströme $J_N$ und $J_X$ einspeisen, die sich im Instrument gerade zu Null aufheben.

Die bei Wheatstone- und Thomson-Brücken erforderlichen Verstellwiderstände werden für Präzisionsmessungen als Stufenwiderstände, für billigere und einfachere Geräte als Schleifdrähte ausgeführt. Der Schleifdraht besitzt dabei den Nachteil, daß er durch häufigere Bewegungen abgenutzt und damit in seinem Querschnitt verändert wird, so daß die abgegriffene Länge dem Widerstand nicht mehr streng proportional ist. Bei der Thomson-Brücke kann ein Abgriff auf dem Normalwiderstand $R_N$ verstellbar angeordnet werden, weil hier Abnutzungserscheinungen nicht zu befürchten sind, da der Normalwiderstand in seiner Gesamtgröße mit dem zu messenden Widerstand vergleichbar und daher sehr niedrigohmig ist, d. h. als Manganinstab einen Durchmesser von einigen mm besitzt.

Die einfachen *Wechselstrombrücken* sind im Prinzip genauso aufgebaut wie die Wheatstonesche Brücke (siehe Abschn. VII, Bd. II, S. 51, Bild 21). Statt Ohmscher Widerstände werden hier aber Wechselstromwiderstände eingesetzt, die im allgemeinsten Fall alle komplex sein können. Entsprechend muß die für die Stromlosigkeit des Nullindikators gültige Abgleichbedingung (siehe Bd. II, S. 52) von den komplexen Widerstandsoperatoren erfüllt werden. In vielen Brückenschaltungen werden 2 oder 4 Widerstände als Ohmsche Spannungsteiler (für die speisende Wechselspannung) ausgeführt, während als bekannte und unbekannte komplexe Widerstandskombinationen Reihen- oder Parallelschaltungen von Widerständen mit Induktivitäten bzw. Kapazitäten benutzt werden, je nachdem welchen Charakter der unbekannte Widerstand besitzt. Bild 58 zeigt hierzu 2 Schaltungen, bei denen die Wirkkomponenten in dem auszumessenden Objekt X bei der Induktivität durch einen Reihenwiderstand, bei der Kapazität durch einen Parallelwiderstand dargestellt sind und in analoger

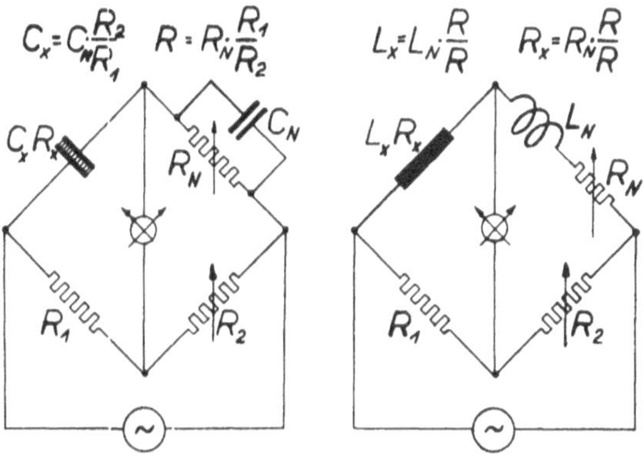


Bild 58. Kapazitäts- und Induktivitäts-Meßbrücke

Form auch in dem jeweils gleichartigen Normalwiderstand vorgesehen werden müssen. Außer dem an einem Ohmschen Teiler vorzunehmenden Größenabgleich sind dann mit den genannten Zusatzwiderständen noch die zusätzlichen Bedingungen für Phasenwinkel zu erfüllen. Neben dieser grundsätzlich einfachsten Aufbauform der Wechselstrombrücken sind auch noch Anordnungen üblich, bei denen der dem Verlustwinkel des Meßobjektes entsprechende Abgleich an anderer Stelle vorgenommen wird (siehe die nach H. E. M. Schering, (geb. 1880) benannte Brücke in Bild 59). Als Nullinstrumente in Wechselstrombrücken werden bei niedrigen

Frequenzen Vibrationsgalvanometer (siehe Abschnitt XII, S. 57), im Tonfrequenzgebiet Kopfhörer bzw. Lautsprecher verwendet.

Mit Wechselstrom betriebene einfache Widerstandsmeßbrücken werden verwendet, wenn im unbekannten Widerstand $R_X$ elektrolytische und verwandte Erscheinungen eine Rolle spielen können, z. B. bei der Bestimmung des spezifischen Widerstandes von Lösungen, bei Messungen des

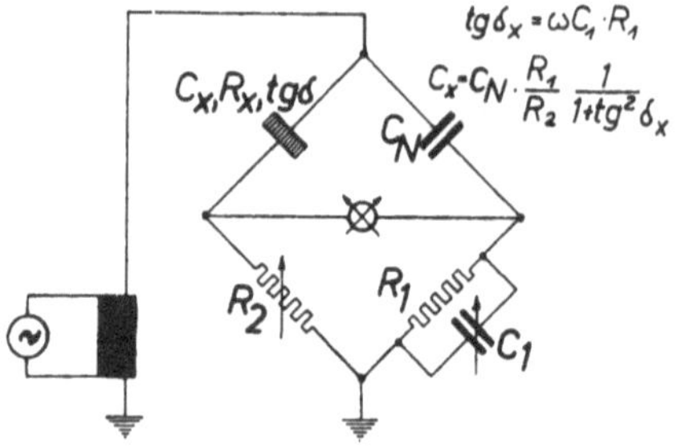


Bild 59. Schering-Brücke

Widerstandes im Erdreich und bei ähnlichen Aufgaben. Da hier kein Phasenabgleich vorliegt und in allen Teilwiderständen Ströme und Spannungen jederzeit einander proportional sind, ist die Kurvenform der die Brücke speisenden Wechselspannung belanglos. Sie kann daher in trapezförmiger Art oder in Form von Impulsfolgen durch einen Zerhacker erzeugt und das Minimum dann sehr einfach mit einem Kopfhörer eingestellt werden.

**Tafel I**

**Elektrische Einheiten, Buchstabenbezeichnungen, Dimensionen**

| Begriff, Größe | Buch. staben- bezeichng. | Dimensionen | Seite |
|---|---|---|---|
| Hystereseverluste | $V_{Hv}$ | W, W/kg | 31 |
| Wirbelstromverluste | $V_{Wi}$ | W, W/kg | 31 |
| Eisenverluste | $V_{Fe}$ | W, W/kg | 31 |
| Kupferverluste | $V_{Cu}$ | W, W/kg | 31 |
| Verlustwinkel | $\delta$ | ° elektrisch | 32 |
| Antriebsmoment | $D$ | cmp, mkp | 47 |
| Bremsmoment | $B$ | cmp, mkp | 71 |

# Register

Die römische Zahl bezeichnet den Band, die arabische Zahl die Seite des betreffenden Bandes.

Kunststoffe
Hartpapier
Preßspan
Vulkanfiber
G.E. Kuhnel
WERKSTOFFE FÜR ELEKTROTECHNIK
KÖLN 1
SCHLIESSFACH 155
Anker-Material
Kollektoren
Lack-, Dynamo- u.
Widerstandsdrähte

*GESAMTVERZEICHNIS*

# SAMMLUNG GÖSCHEN

DAS WISSEN DER WELT IN KURZEN
KLAREN, ALLGEMEINVERSTÄNDLICHEN
EINZELDARSTELLUNGEN NACH DEN
LEHRPLÄNEN DER DEUTSCHEN
UNIVERSITÄTEN UND HOCHSCHULEN
AUFGEBAUT

JEDER BAND DM 2,40

DOPPELBAND DM 4,80

**STAND SEPTEMBER 1956**

WALTER DE GRUYTER & CO.
BERLIN W 35

## INHALTSVERZEICHNIS



# Geisteswissenschaften

### *Philosophie*

**Einführung in die Philosophie** von *H. Leisegang†* 3. Aufl. 145 S. 1956 *(Bd. 281)*

**Erkenntnistheorie** von *G. Kropp.* 1. Teil: Allgemeine Grundlegung. 143 S. 1950 *(Bd. 807)*

**Hauptprobleme der Philosophie** von *G. Simmel†.* 7., unveränd. Aufl. 177 S. 1950 *(Bd. 500)*

**Geschichte der Philosophie**

I: Die griechische Philosophie von *W. Capelle.* 1. Teil. Von Thales bis Leukippos. 2., erw. Aufl. 135 S. 1953 *(Bd. 857)*

II: Die griechische Philosophie von *W. Capelle.* 2. Teil. Von der Sophistik bis zum Tode Platons. 2., stark erw. Aufl. 144 S. 1953 *(Bd. 858)*

III: Die griechische Philosophie von *W. Capelle.* 3. Teil. Vom Tode Platons bis zur alten Stoa. 2., stark erw. Aufl. 132 S. 1954 *(Bd. 859)*

IV: Die griechische Philosophie von *W. Capelle.* 4. Teil. Von der Alten Stoa bis zum Eklektizismus im 1. Jh. v. Chr. 2., stark erw. Aufl. 132 S. 1954 *(Bd. 863)*

V: Die Philosophie des Mittelalters von *J. Koch.* In Vorb. *(Bd. 826)*

VI: Von der Renaissance bis Kant von *K. Schilling.* 234 S. 1954 *(Bd. 394/394a)*

VII: Immanuel Kant von *G. Lehmann.* In Vorb. *(Bd. 536)*

VIII: Die Philosophie des 19. Jahrhunderts von *G. Lehmann.* 1. Teil. 151 S. 1953 *(Bd. 571)*

IX: Die Philosophie des 19. Jahrhunderts von *G. Lehmann*. 2. Teil. 168 S. 1953 *(Bd. 709)*
X: Die Philosophie im ersten Drittel des 20. Jahrhunderts von *G. Lehmann*. In Vorb. *(Bd. 845)*
**Die geistige Situation der Zeit** (1931) von *K. Jaspers*. 4., unveränd. Abdruck der 1932 bearb. 5. Aufl. 211 S. 1955 *(Bd. 1000)*
**Philosophisches Wörterbuch** von *M. Apel*†. 4.,unveränd. Aufl. 260 S. 1953 *(Bd. 1031)*
**Philosophische Anthropologie.** Menschliche Selbstdeutung in Geschichte und Gegenwart von *M. Landmann*. 266 S. 1955 *(Bd. 156/156a)*

## *Pädagogik, Psychologie Soziologie*

**Geschichte der Pädagogik** von *H. Weimer*. 12. Aufl. 177 S. 1956 *(Bd. 145)*
**Therapeutische Psychologie.** Ihr Weg durch die Psychoanalyse von *W. M. Kranefeldt*. Mit einer Einführung von *C. G. Jung*. 3., unveränd. Aufl. 152 S. 1956 *(Bd. 1034)*
**Allgemeine Psychologie** von *Th. Erismann*. 1956. In Vorb. *(Bd. 852)*
**Soziologie.** Geschichte und Hauptprobleme von *L. von Wiese*. 5. Aufl. 162 S. 1954 *(Bd. 101)*
**Sozialpsychologie** von *P. R. Hofstätter*. 181 S., 15 Abb., 22 Tab. 1956. *(Bd. 104/104a)*
**Psychologie des Berufs- und Wirtschaftslebens** von *W. Moede*. 1956. In Vorb. *(Bd. 851)*
**Industrie- und Betriebssoziologie** von *R. Dahrendorf*. 120 S. 1956 *(Bd. 103)*

## *Religionswissenschaften*

**Jesus** von *M. Dibelius*†. 2. Aufl. Unveränd. Nachdr. 137 S. 1949 *(Bd. 1130)*
**Paulus** von *M. Dibelius*†. Nach dem Tode des Verfassers herausgegeben und zu Ende geführt von *W. G. Kümmel*. 2. Aufl. 155 S. 1956 *(Bd. 1160)*
**Römische Religionsgeschichte** von *F. Altheim*. 2 Bde. 2., umgearb. Aufl.
I: Grundlagen und Grundbegriffe. 116 S. 1956 *(Bd. 1035)*
II: Der geschichtliche Ablauf. 164 S. 1956 *(Bd. 1052)*

## *Musik*

**Musikästhetik** von *H. J. Moser*. 180 S. 1953 *(Bd. 344)*
**Systematische Modulation** von *R. Hernried*. 2. Aufl. 136 S. 1950 *(Bd. 1094)*
**Der polyphone Satz** von *E. Pepping*. 2 Bde. 1. Teil: Der cantus-firmus-Satz. 2.Aufl. 223 S. 1950 *(Bd. 1148)*
**Allgemeine Musiklehre** von *H. J. Moser*. 2., durchges. Aufl. 155 S. 1955 *(Bd. 220/220a)*
**Harmonielehre** von *H. J. Moser*. 2 Bde. I: 109 S. 1954 *(Bd. 809)*
**Die Musik des 19. Jahrhunderts** von *W. Oehlmann*. 180 S. 1953 *(Bd. 170)*
**Die Musik des 20. Jahrhunderts** I. von *W. Oehlmann*. In Vorb. *(Bd. 171)*
**Technik der deutschen Gesangskunst** von *H. J. Moser*. 3., durchges. und verb. Aufl. 144 S., 5 Fig. 1954 *(Bd. 576/576a)*
**Die Kunst des Dirigierens** von *H. W. von Waltershausen*†. 2. Aufl. 138 S. 1954 *(Bd. 1147)*
**Die Technik des Klavierspiels aus dem Geiste des musikalischen Kunstwerkes** von *K. Schubert*†. 3. Aufl. 110 S. 1954 *(Bd. 1045)*

## *Kunst*

**Stilkunde** von *H. Weigert*. 2 Bde. 2. Aufl.
I: Vorzeit, Antike, Mittelalter. 136 S., 94 Abb. 1953 *(Bd. 80)*
II: Spätmittelalter und Neuzeit. 146 S., 84 Abb. 1953 *(Bd. 781)*
**Archäologie** von *A. Rumpf*. 2. Bde.
I: Einleitung, historischer Überblick. 143 S., 6 Abb., 12 Taf. 1953 *(Bd. 538)*
II: Die Archäologensprache. Die antiken Reproduktionen. 136 S., 7 Abb., 12 Taf. 1956 *(Bd. 539)*

## *Geschichte*

**Einführung in die Geschichtswissenschaft** von *P. Kirn*. 2. Aufl. 121 S. 1952 *(Bd. 270)*
**Zeitrechnung** d. röm. Kaiserzeit,

des Mittelalters und der Neuzeit für die Jahre von 1–2000 n. Chr. von *H. Lietzmann* †. 3., durchges. Aufl. von *K. Aland*. 1956. In Vorb. *(Bd. 1085)*

**Kultur der Urzeit** von *F. Behn*. 3 Bde. 4. Aufl. der „Kultur der Urzeit". Bd. I—III von *M. Hoernes*.
I: Die vormetallischen Kulturen. (Die Steinzeiten Europas. Gleichartige Kulturen in anderen Erdteilen). 172 S., 48 Abb. 1950 *(Bd. 564)*
II: Die älteren Metallkulturen. (Der Beginn der Metallbenutzung. Kupfer- und Bronzezeit in Europa, im Orient und in Amerika). 160 S., 67 Abb. 1950 *(Bd. 565)*
III: Die jüngeren Metallkulturen. (Das Eisen als Kulturmetall. Hallstatt-Latène-Kultur in Europa. Das erste Auftreten des Eisens in den anderen Erdteilen). 149 S., 60 Abb. 1950 *(Bd. 566)*

**Vorgeschichte Europas** von *F. Behn*. Völlig neue Bearbeitung der 7. Aufl. der „Urgeschichte der Menschheit" von *M. Hoernes*. 125 S., 47 Abb. 1949 *(Bd. 42)*

**Von den Karolingern zu den Staufern** von *J. Haller*. Die altdeutsche Kaiserzeit (900—1250). 3. Aufl. 141 S., 4 Ktn. 1944 *(Bd. 1065)*

**Deutsche Geschichte im Zeitalter der Reformation, der Gegenreformation und des 30jährigen Krieges** von *F. Hartung*. 129 S. 1951 *(Bd. 1105)*

**Deutsche Geschichte von 1648 bis 1740** von *W. Treue*. 120 S. 1956 *(Bd. 35)*

**Deutsche Geschichte von 1713 bis 1806** von *W. Treue*. In Vorb. *(Bd. 39)*

**Quellenkunde der deutschen Geschichte im Mittelalter** (bis zur Mitte des 15. Jahrhunderts) von *K. Jacob*†. 3 Bde.
I: Einleitung. Allgemeiner Teil. Die Zeit der Karolinger. 5. Aufl. 118 S. 1949 *(Bd. 279)*
II: Die Kaiserzeit (911—1250). 4. Aufl. 127 S. 1949 *(Bd. 280)*
III: Das Spätmittelalter (vom Interregnum bis 1500). Herausgeg. von *F. Weden*. 152 S. 1952 *(Bd. 284)*

**Geschichte Englands** von *H. Preller*.
I: bis 1815. 3., stark umgearb. Aufl. 135 S., 7 Stammtaf., 2 Ktn. 1952 *(Bd. 375)*
II: von 1815 bis 1910. 2., völlig umgearb. Aufl. 118 S., 1 Stammtaf., 7 Ktn. 1954 *(Bd. 1088)*

**Römische Geschichte** von *F. Altheim*. 4 Bde. 2., verb. Aufl.
I: Bis zur Schlacht bei Pydna (168 v. Chr.). 123 S. 1956 *(Bd. 19)*
II: Bis zur Schlacht bei Actium (31 v. Chr.). 130 S. 1956 *(Bd. 677)*

**Geschichte der Vereinigten Staaten von Amerika** von *O. Graf zu Stolberg-Wernigerode*. 192 S., 10 Ktn. 1956 *(Bd. 1051/1051a)*

## *Deutsche Sprache und Literatur*

**Deutsches Rechtschreibungswörterbuch** von *M. Gottschald*. 2., verb. Aufl. 269 S. 1953 *(Bd. 200/200a)*

**Deutsche Wortkunde.** Eine kulturgeschichtliche Betrachtung des deutschen Wortschatzes von *A. Schirmer*. 3., durchges. Aufl. 109 S. 1949 *(Bd. 929)*

**Deutsche Sprachlehre** von *W. Hofstaetter*. 9., neubearb. Aufl. von *G. Spree*. 144 S. 1953 *(Bd. 20)*

**Stimmkunde** für Beruf, Kunst und Heilzwecke von *H. Biehle*. 111 S. 1955 *(Bd. 60)*

**Redetechnik.** Einführung in die Rhetorik von *H. Biehle*. 115 S. 1954 *(Bd. 61)*

**Sprechen und Sprachpflege** (Die Kunst des Sprechens) von *H. Feist*. 2., verb. Aufl. 99 S., 25 Abb. 1952 *(Bd. 1122)*

**Deutsches Dichten und Denken von der germanischen bis zur staufischen Zeit** von *H. Naumann*. (Deutsche Literaturgeschichte vom 5.—13. Jahrhundert). 2., verb. Aufl. 166 S. 1952 *(Bd. 1121)*

**Deutsches Dichten und Denken vom Mittelalter zur Neuzeit** von *G. Müller* (1270—1700). 2., durchges. Aufl. 159 S. 1949 *(Bd. 1086)*

**Der Nibelunge Nôt** in Auswahl mit kurzem Wörterbuch von *K. Langosch*. 10., durchges. Aufl. 164 S. 1956 *(Bd. 1)*

**Kudrun- und Dietrichepen** in Auswahl mit Wörterbuch von *O. L. Jiriczek*. 2. Aufl. bearb. von *R. Wisniewski*. 1956. In Vorb. *(Bd. 10)*

**Wolfram von Eschenbach. Parzifal.** Eine Auswahl mit Anmerk. und Wörterbuch. Von *H. Jantzen*. 2. Aufl., bearb. von *H. Kolb*. 1956. In Vorb. *(Bd. 921)*

**Die deutschen Personennamen** von *M. Gottschald*. 2., verb. Aufl. 151 S. 1955 *(Bd. 422)*

**Althochdeutsches Elementarbuch** von *H. Naumann*† und *W. Betz*. 2. Aufl. 156 S. 1954 *(Bd. 1111)*

**Mittelhochdeutsche Grammatik** von *H. de Boor* und *R. Wisniewski*. 141 S. 1956 *(Bd. 1108)*

## *Indogermanisch, Germanisch*

**Gotisches Elementarbuch.** Grammatik, Texte mit Übersetzung und Erläuterungen von *H. Hempel*. 2., umgearb. Aufl. 165 S. 1953 *(Bd. 79)*

**Indogermanische Sprachwissenschaft** von *H. Krahe*. 3. Aufl. 1956. In Vorb. *(Bd. 59)*

**Germanische Sprachwissenschaft** von *H. Krahe*. 2 Bde. 3. Aufl.
I: Einleitung und Lautlehre. 135 S. 1956. In Vorb. *(Bd. 238)*

**Altnordisches Elementarbuch** von *F. Ranke*. Schrifttum, Sprache, Texte mit Übersetzung und Wörterbuch. 2., durchges. Aufl. 146 S. 1949 *(Bd. 1115)*

## *Englisch, Französisch Italienisch*

**Altenglisches Elementarbuch** von *M. Lehnert*. Einführung, Grammatik, Texte mit Übersetzung und Wörterbuch. 3., verb. Aufl. 178 S. 1955 *(Bd. 1125)*

**Historische neuenglische Laut- und Formenlehre** von *E. Ekwall*. 3., durchges. Aufl. 150 S. 1956 *(Bd. 735)*

**Englische Phonetik** von *H. Mutschmann* †. 1956. In Vorb. *(Bd. 601)*

**Englische Literaturgeschichte.** 4 Bde.
I: Die alt- und mittelenglische Periode v. *F. Schubel*. 163 S. 1954 *(Bd. 1114)*
II: Von der Renaissance bis zur Aufklärung von *F. Schubel*. 160 S. 1956 *(Bd. 1116)*
III: Romantik und Viktorianismus von *P. Meissner*†. 150 S. 1938 *(Bd. 1124)*
IV: Das 20. Jahrhundert von *P. Meissner*†. 150 S. 1939 *(Bd. 1136)*

**Beowulf** von *M. Lehnert*. Eine Auswahl mit Einführung, teilweiser Übersetzung, Anmerkungen und etymologischem Wörterbuch. 2., verb. Aufl. 135 S. 1949 *(Bd. 1135)*

**Shakespeare** von *P. Meissner*†. 2. Aufl. neubearb. von *M. Lehnert*. 136 S. 1954 *(Bd. 1142)*

**Italienische Literaturgeschichte** von *K. Vossler*†. Unveränd. Nachdr. der 1927 erschien. 4., durchges. und verb. Aufl. 148 S. 1948 *(Bd. 125)*

**Romanische Sprachwissenschaft** von *H. Lausberg*. 2 Bde.
I: Einleitung und Vokalismus. 160 S. 1956 *(Bd. 128/128a)*
II: Konsonantismus. 95 S. 1956 *(Bd. 250)*

## *Griechisch, Lateinisch*

**Griechische Sprachwissenschaft** von *W. Brandenstein*. 2 Bde.
I: Einleitung, Lautsystem, Etymologie. 160 S. 1954 *(Bd. 117)*

**Geschichte der griechischen Sprache.** 2 Bde.
I: Bis zum Ausgang der klassischen Zeit von *O. Hoffmann*†. 3. Aufl. bearb. von *A. Debrunner*. 156 S. 1954 *(Bd. 111)*
II: Grundfragen und Grundzüge des nachklass. Griechisch. Von *A. Debrunner*. 144 S. 1954 *(Bd. 114)*

**Geschichte der griechischen Literatur** von *W. Nestle*. 2 Bde. 2., verb. Aufl.
I: Von den Anfängen bis auf Alexander d. Gr. 148 S. 1950 *(Bd. 70)*
II: Von Alexander d. Gr. bis zum Ausgang der Antike. 128 S. 1948 *(Bd. 557)*

**Geschichte der lateinischen Sprache** von *F. Stolz*†. 3., stark umgearb. Auflage von *A. Debrunner*. 136 S. 1953 *(Bd. 492)*

## *Hebräisch, Sanskrit, Russisch*

**Hebräische Grammatik** von *G. Beer*†. 2 Bde. 2., völlig neub. Aufl. von *R. Meyer*
I: Schrift-, Laut- und Formenlehre I. 157 S. 1952 *(Bd. 763/763a)*
II: Formenlehre II. Syntax und Flexionstabellen. 195 S. 1955 *(Bd. 764/764a)*

**Sanskrit-Grammatik** von *M. Mayrhofer.* 89 S. 1953 *(Bd. 1158)*
**Russische Grammatik** von *E. Berneker.* 6., unveränd. Aufl. von *M. Vasmer.* 155 S. 1947 *(Bd. 66)*

## *Erd- und Länderkunde*

**Afrika** von *F. Jaeger.* Ein geograph. Überblick. 2 Bde. 2., umgearb. Aufl.
I: Der Lebensraum. 179 S., 18 Abb. 1954 *(Bd. 910)*
II: Mensch und Kultur. 155 S., 6 Abb. 1954 *(Bd. 911)*
**Iberoamerika** von *O. Quelle.* In Vorb. *(Bd. 856)*
**Australien und Ozeanien** von *H. J. Krug.* 176 S., 46 Skizz. 1953 *(Bd. 319)*
**Kartenkunde** von *M. Eckert-Greifendorff†.* 3., durchges. Aufl. von *W. Kleffner.* 149 S., 63 Abb. 1950 *(Bd. 30)*

## *Volkswirtschaft, Publizistik*

**Allgemeine Betriebswirtschaftslehre** von *K. Mellerowicz.* 3 Bde. 9., unveränd. Aufl.
I: 142 S. 1956 *(Bd. 1008)*
II: 112 S. 1956 *(Bd. 1153)*
III: 143 S. 1956 *(Bd. 1154)*
**Allgemeine Volkswirtschaftslehre** von *A. Paulsen.* 4 Bde.
I: Grundlegung, Wirtschaftskreislauf. 138 S. 1956 *(Bd. 1169)*
II: Haushalte, Unternehmungen, Marktformen. In Vorb. *(Bd. 1170)*
III: Produktionsfaktoren, Geldwesen. In Vorb. *(Bd. 1171)*
IV: Konjunktur, Außenhandel, staatliche Aktivität. In Vorb. *(Bd. 1172)*
**Zeitungslehre** von *E. Dovifat.* 2 Bde. 3., neubearb. Aufl.
I: Theoretische und rechtliche Grundlagen — Nachricht und Meinung — Sprache und Form. 148 S. 1955 *(Bd. 1039)*
II: Redaktion — Die Sparten Verlag und Vertrieb, Wirtschaft und Technik, Sicherung der öffentlichen Aufgabe. 158 S. 1955 *(Bd. 1040)*

# Naturwissenschaften

## *Mathematik*

**Geschichte der Mathematik** von *J. E. Hofmann.* 3 Bde.
I: Von den Anfängen bis zum Auftreten von Fermat und Descartes. 200 S. 1953 *(Bd. 226)*
II: In Vorb. *(Bd. 875)*
III: In Vorb. *(Bd. 882)*
**Mathematische Formelsammlung** von *F. Ringleb.* Vollst. umgearb. Neuausg. des Werkes von *O. Th. Bürklen.* 6., durchges. Aufl. 280 S., 57 Fig. 1956 *(Bd. 51/51a)*
**Fünfstellige Logarithmen** von *A. Adler.* Mit mehreren graphischen Rechentafeln und häufig vorkommenden Zahlwerten. 2. Aufl. Neudr. 127 S., 1 Taf. 1949 *(Bd. 423)*
**Höhere Algebra** von *H. Hasse.* 2 Bde. 3., verb. Aufl.
I: Lineare Gleichungen. 152 S. 1951 *(Bd. 931)*
II: Gleichungen höheren Grades. 158 S., 5 Fig. 1951 *(Bd. 932)*
**Aufgabensammlung zur höheren Algebra** von *H. Hasse* und *W. Klobe.* 2., verb. und verm. Aufl. 181 S. 1952 *(Bd. 1082)*
**Elementare und klassische Algebra vom modernen Standpunkt** von *W. Krull.* 2 Bde. 2., erw. Aufl.
I: 136 S. 1952 *(Bd. 930)*
**Einführung in die Zahlentheorie** von *A. Scholz†.* Überarb. und herausgeg. von *B. Schoeneberg.* 2. Aufl. 128 S. 1955 *(Bd. 1131)*
**Elemente der Funktionentheorie** von *K. Knopp.* 4. Aufl. 144 S., 23 Fig. 1955 *(Bd. 1109)*
**Funktionentheorie** von *K. Knopp.* 2 Bde.
I: Grundlagen der allgem. Theorie der analytischen Funktionen. 8. Aufl. 139 S., 8 Fig. 1955 *(Bd. 668)*
II: Anwendungen und Weiterführung der allgemeinen Theorie. 8./9. Aufl. 130 S., 7 Fig. 1955 *(Bd. 703)*

**Aufgabensammlung zur Funktionentheorie** von *K. Knopp.* 2 Bde. 4. Aufl.
I: Aufgaben zur elementaren Funktionentheorie. 135 S. 1949 *(Bd. 877)*
II: Aufgaben zur höheren Funktionentheorie. 151 S. 1949 *(Bd. 878)*

**Repetitorium und Aufgabensammlung zur Differentialrechnung** von *A. Witting*†. 2., neub. Aufl. Durchges. Neudr. 145 S. 1949 *(Bd. 146)*

**Repetitorium und Aufgabensammlung zur Integralrechnung** von *A. Witting*†. 2., neubearb. Aufl. Durchges. Neudr. 121 S., 32 Fig., 309 Beisp. 1949 *(Bd. 147)*

**Gewöhnliche Differentialgleichungen** von *G. Hoheisel.* 5. Aufl. 129 S. 1956. *(Bd. 920)*

**Partielle Differentialgleichungen** v. *G. Hoheisel.* 3., neub. Aufl. 130 S. 1953 *(Bd. 1003)*

**Aufgabensammlung zu den gewöhnlichen und partiellen Differentialgleichungen** von *G. Hoheisel.* 2., umgearb. Aufl. 124 S. 1952 *(Bd. 1059)*

**Mengenlehre** von *E. Kamke.* 3., neub. Auflage. 194 S., 6 Fig. 1955 *(Bd. 999/999a)*

**Darstellende Geometrie** von *W. Haack.* 3 Bde.
I: Die wichtigsten Darstellungsmethoden. Grund- und Aufriß ebenflächiger Körper. 110 S., 117 Abb. 1954 *(Bd. 142)*
II: Körper mit krummen Begrenzungsflächen. Kotierte Projektionen. 129 S., 86 Abb. *(Bd. 143)*
III: Axonometrie, Perspektive. Photogrammetrie. In Vorb. *(Bd. 144)*

**Sammlung von Aufgaben und Beispielen zur analytischen Geometrie der Ebene** von *R. Haussner*†. Mit den vollständigen Lösungen. 139 S., 22 Fig. Neudr. 1949 *(Bd. 256)*

**Nichteuklidische Geometrie.** Hyperbolische Geometrie der Ebene. Von *R. Baldus*†. 3., verb. Aufl., durchges. und herausgeg. von *F. Löbell.* 140 S., 70 Fig. 1953 *(Bd. 970)*

**Differentialgeometrie** von *K. Strubecker* (früher Rothe). 2 Bde.
I: Kurventheorie der Ebene und des Raumes. 150 S., 18 Fig. 1955 *(Bd. 1113/1113a)*

**Einführung in die konforme Abbildung** von *L. Bieberbach.* 5., erw. Aufl. 180 S., 42 Fig. 1956. *(Bd. 768/768a)*

**Vektoranalysis** von *S. Valentiner.* Neudr. der 7. Aufl. (1950). 138 S., 19 Fig. 1954 *(Bd. 354)*

**Vermessungskunde** von *P. Werkmeister.* 3 Bde.
II: Messung von Horizontalwinkeln. Festlegung von Punkten im Koordinatensystem. Absteckungen. 7. Aufl. 151 S., 93 Fig. 1949 *(Bd. 469)*
III: Trigonometrische und barometrische Höhenmessung. Tachymetrie und Topographie. 6. Aufl. 147 S., 64 Fig. 1949 *(Bd. 862)*

**Versicherungsmathematik** von *F. Böhm.* 2 Bde.
I: Elemente der Versicherungsrechnung. 3., verm. verb. Aufl. Durchges. Neudr. 151 S. 1954 *(Bd. 180)*
II: Lebensversicherungsmathematik. Einführung in die technischen Grundlagen der Sozialversicherung. 2., verb. Aufl. 205 S. 1953 *(Bd. 917/917a)*

## *Physik*

**Einführung in die theoretische Physik** von *W. Döring.* 4 Bde.
I: Mechanik. 119 S., 29 Abb. 1954 *(Bd. 76)*
II: Das elektromagnetische Feld. 123 S., 15 Abb. 1955 *(Bd. 77)*
III: Optik. 117 S., 32 Abb. 1956 *(Bd. 78)*
IV: Thermodynamik. 107 S., 9 Abb. 1956. *(Bd. 374)*

**Atomphysik** von *K. Bechert* und *Ch. Gerthsen.* 7 Bde. 3., umgearb. Aufl.
I: Allgemeine Grundlagen. 1. Teil. 124 S., 55 Abb. 1955 *(Bd. 1009)*
II: Allgemeine Grundlagen. 2. Teil. 112 S., 48 Abb. 1955 *(Bd. 1033)*
III: Theorie des Atombaus. 1. Teil. 148 S., 16 Abb. 1954 *(Bd. 1123/1123a)*
IV: Theorie des Atombaus. 2. Teil. 170 S., 14 Abb. 1954 *(Bd. 1165/1165a)*

**Differentialgleichungen der Physik** von *F. Sauter.* 2. Aufl. 148 S., 16 Fig. 1950 *(Bd. 1070)*

**Physikalische Formelsammlung** von *G. Mahler*† und *K. Mahler*. 9., durchges. Aufl. 153 S. mit 69 Fig. 1955 *(Bd. 136)*
**Physikalische Aufgabensammlung** von *G. Mahler*† und *K. Mahler*. Mit den Ergebn. 8., durchges. Aufl. 127 S. 1955 *(Bd. 243)*

## Chemie

**Geschichte der Chemie** in kurzgefaßter Darstellung von *G. Lockemann*. 2 Bde.
I: Vom Altertum bis zur Entdekkung des Sauerstoffs. 142 S., 8 Bildn. 1950 *(Bd. 264)*
II: Von der Entdeckung des Sauerstoffs bis zur Gegenwart. 151 S., 16 Bildn. 1955 *(Bd. 265/265a)*
**Anorganische Chemie** von *W. Klemm*. 9., umgearb. Aufl. 180 S. 1956. *(Bd. 37)*
**Organische Chemie** von *W. Schlenk*. 6., erw. Aufl. 263 S. 1954 *(Bd. 38/38a)*
**Allgemeine und physikalische Chemie** von *W. Schulze*. 3 Bde. 4., neubearb. Aufl.
I: 139 S., 10 Fig. 1955 *(Bd. 71)*
II: 176 S., 37 Fig. 1956 *(Bd. 698/698a)*
III: 1956. In Vorb. *(Bd. 786)*
**Analytische Chemie** von *J. Hoppe*. 2 Bde. 5., verb. Aufl.
I: Reaktionen. 135 S. 1950 *(Bd.247)*
II: Gang der qualitativen Analyse. 166 S. 1950 *(Bd. 248)*
**Maßanalyse.** Theorie und Praxis der klassischen und der elektrochemischen Titrierverfahren. Von *G. Jander* und *K. F. Jahr*. 303 S., 50 Fig. 1956. *(Bd. 221/221a)*
**Thermochemie** von *W. A. Roth*. 2., verb. Aufl. 109 S., 16 Fig. 1952 *(Bd. 1057)*
**Physikalisch-chemische Rechenaufgaben** von *E. Asmus*. 2. Aufl. 95 S. 1949 *(Bd. 445)*
**Stöchiometrische Aufgabensammlung.** Mit den Ergebn. von *W. Bahrdt*† und *R. Scheer*. 6., durchges. Aufl. 1956. In Vorb. *(Bd. 452)*
**Elektrochemie und ihre physikalisch-chemischen Grundlagen** von *A. Dassler*. 2 Bde.
I: 149 S., 21 Abb. 1950 *(Bd. 252)*
II: 178 S., 17 Abb. 1950 *(Bd. 253)*

## Technologie

**Warenkunde** von *K. Hassak*† und *E. Beutel*†. 2 Bde. 7. Aufl. Neubearb. von *A. Kutzelnigg*
I: Anorganische Waren sowie Kohle und Erdöl. 116 S., 19 Fig. 1947 *(Bd. 222)*
II: Organische Waren. 143 S., 32 Fig. 1949 *(Bd. 223)*
**Die Fette und Öle** von *K. Braun*†. 5., völlig neubearb. und verb. Aufl. von *Th. Klug*. 145 S. 1950 *(Bd. 335)*
**Die Seifenfabrikation** von *K. Braun*†. 3., neubearb. und verb. Aufl. von *Th. Klug*. 116 S., 18 Abb. 1953 *(Bd. 336)*
**Textilindustrie**
I: Spinnerei und Zwirnerei. Von *A. Blümcke*. 111 S., 43 Abb. 1954 *(Bd. 184)*

## Biologie

**Einführung in die allgemeine Biologie** von *M. Hartmann*. 132 S. 1956. *(Bd. 96)*
**Hormone** von *G. Koller*. 2., neubearb. und erw. Aufl. 187 S., 60 Abb., 19 Tab. 1949 *(Bd. 1141)*
**Fortpflanzung im Tier- und Pflanzenreich** von *J. Hämmerling*. 2., erg. Aufl. 135 S., 101 Abb. 1951 *(Bd. 1138)*
**Geschlecht und Geschlechtsbestimmung im Tier- und Pflanzenreich** von *M. Hartmann*. 2., verb. Aufl. 116 S., 61 Abb., 7 Tab. 1951 *(Bd. 1127)*
**Grundriß der allgemeinen Mikrobiologie** von *W. Schwartz*. 2 Bde.
I: 104 S 17 Abb. 1949 *(Bd. 1155)*
II: 93 S 12 Abb. 1949 *(Bd. 1157)*
**Symbiose der Tiere mit pflanzlichen Mikroorganismen** von *P. Buchner*. 2., verb. und verm. Aufl. 130 S. 121 Abb. 1949 *(Bd. 1128)*

## Botanik

**Entwicklungsgeschichte des Pflanzenreiches** von *H. Heil*. 2. Aufl. 138 S. 94 Abb. 1 Tab. 1950 *(Bd. 1137)*
**Morphologie der Pflanzen** von *L. Geitler*. 3. Aufl. 126 S. 114 Abb. 1953 *(Bd. 141)*
**Pflanzenzüchtung** von *H. Kuckuck* 2 Bde. 3., völlig umgearb. Aufl.

I: Grundzüge der Pflanzenzüchtung. 132 S. 22 Abb. 1952 *(Bd. 1134)*
**Die Laubhölzer.** Kurzgefaßte Beschreibung der in Mitteleuropa gedeihenden Laubbäume und Sträucher. Von *F. W. Neger*† und *E. Münch*†. 3., durchges. Aufl. herausgeg. von *B. Huber*. 143 S. 63 Fig. 7 Tab. 1950 *(Bd. 718)*
**Die Nadelhölzer (Koniferen) und übrigen Gymnospermen** von *F. W. Neger*† und *E. Münch*†. 4. Aufl. Durchges. und erg. von *B. Huber*. 140 S., 75 Fig., 4 Tab., 3 Ktn. 1952 *(Bd. 355)*

## Zoologie

**Entwicklungsphysiologie der Tiere** von *F. Seidel*. 2 Bde.
I: Ei und Furchung. 126 S., 29 Abb. 1953 *(Bd. 1162)*
II: Körpergrundgestalt und Organbildg. 159 S., 42 Abb. 1953 *(Bd. 1163)*
**Das Tierreich.**
Fische von *D. Lüdemann*. 130 S., 65 Abb. 1955 *(Bd. 356)*
Insekten von *H. von Lengerken*. 128 S., 58 Abb. 1953 *(Bd. 594)*
Lurche (Chordatiere) von *K. Herter*. 143 S., 129 Abb. 1955 *(Bd. 847)*
Spinnentiere (Trilobitomorphen, Fühlerlose) und Tausendfüßler. Von *A. Kaestner*. 96 S., 55 Abb. 1955 *(Bd. 1161)*
Würmer. Platt-, Hohl-, Schnurwürmer, Komptozoen, Ringelwürmer, Protracheaten, Bärtierchen, Zungenwürmer. Von *S. Jaeckel*. 114 S., 36 Abb. 1955 *(Bd. 439)*
Weichtiere. Urmollusken, Schnekken, Muscheln, Kopffüßer. Von *S. Jaeckel*. 92 S., 34 Abb. 1954 *(Bd. 440)*
Stachelhäuter. Tentakulaten, Binnenatmer u. Pfeilwürmer. Von *S. Jaeckel*. 100 S., 46 Abb. 1955 *(Bd. 441)*
Schwämme und Hohltiere von *H. J. Hannemann*. 95 S., 80 Abb. 1956 *(Bd. 442)*
Krebse (Crustacea) von *H. E. Gruner* und *K. Deckert*. 114 S., 43 Abb. 1956 *(Bd. 443)*
Protozoen von *E. Reichenow*. 115 S., 59 Abb. 1956 *(Bd. 444)*
**Vergleichende Physiologie der Tiere** von *K. Herter*. 2 Bde. 3. Aufl. der „Tierphysiologie".
I: Stoff- und Energiewechsel. 155 S., 64 Abb. 1950 *(Bd. 972)*
II: Bewegung und Reizerscheinungen. 148 S., 110 Abb. 1950 *(Bd. 973)*

## Land- und Forstwirtschaft

**Landwirtschaftliche Tierzucht.** Die Züchtung und Haltung der landwirtschaftlichen Nutztiere von *H. Vogel*. 139 S., 11 Abb. 1952 *(Bd. 228)*
**Kulturtechnische Bodenverbesserungen** von *O. Fauser*. 2. Bde. 4., neubearb. Aufl.
I: Allgemeines, Entwässerung. 122 S., 47 Abb. 1947 *(Bd. 691)*
II: Bewässerung, Ödlandkultur, Umlegung. 150 S., 67 Abb. 1949 *(Bd. 962)*
**Agrikulturchemie** von *K. Scharrer*. 2 Bde.
I: Pflanzenernährung. 143 S. 1953 *(Bd. 329)*
II: Futtermittelkunde. 192 S. 1956. *(Bd. 330/330 a)*

## Geologie, Mineralogie Kristallographie

**Kristallographie** von *W. Bruhns*† und *P. Ramdohr*. 4. Aufl. 106 S., 163 Abb. 1954 *(Bd. 210)*
**Einführung in die Kristalloptik** von *E. Buchwald*. 4., verb. Aufl. 138 S., 121 Fig. 1952 *(Bd. 691)*
**Lötrohrprobierkunde.** Mineraldiagnose mit Lötrohr- und Tüpfelreaktion. Von *M. Henglein*. 3., verb. Aufl. 91 S., 11 Fig. 1949 *(Bd. 483)*
**Mineral- und Erzlagerstättenkunde** von *H. Huttenlocher*†. 2 Bde.
I: 128 S., 34 Abb. 1954 *(Bd. 1014)*
II: 156 S., 48 Abb. 1954 *(Bd. 1015/1015 a)*
**Allgemeine Mineralogie.** 9., erw. Aufl. der „Mineralogie" von *R. Brauns*† und *K. F. Chudoba*. 104 S., 107 Fig., 1 Taf., 2 Tab. 1955 *(Bd. 29)*
**Spezielle Mineralogie.** 9., erw. Aufl. der „Mineralogie" von *R. Brauns*† und *K. F. Chudoba*. 133 S., 105 Fig. 1955 *(Bd. 31)*
**Petrographie** (Gesteinskunde) von *W. Bruhns*† und *P. Ramdohr*. 4., durchges. Aufl. 104 S., 10 Fig. 1955 *(Bd. 173)*
**Geologie** von *F. Lotze*. 176 S., 80 Abb. 1955 *(Bd. 13)*

# Technik

**Graphische Darstellung in Wissenschaft und Technik** von *M. Pirani*. 3., verb. Aufl. bearb. von *J. Fischer*. 101 Abb. 1956. In Vorb. *(Bd. 728/728a)*

## *Elektrotechnik*

**Grundlagen der Elektrotechnik** von *O. Mohr*. 3 Bde.
I: Die drei Feldformen. 96 S., 41 Abb., 6 Taf. 1956. *(Bd. 196)*
II: Die wichtigsten elektr. und phys. Grunderscheinungen. 95 S., 36 Abb., 7 Taf. 1956. *(Bd. 197)*
III: 91 S., 59 Abb. 1956. *(Bd. 198)*

**Die Gleichstrommaschine** von *K. Humburg*. 2 Bde. 2. Aufl. 1956.
I: 102 S., 59 Abb. 1956. *(Bd. 257)*
II: 98 S., 38 Abb. 1956. *(Bd. 881)*

**Die synchrone Maschine** von *K. Humburg*. Neudr. 109 S., 78 Abb. 1951 *(Bd. 1146)*

**Induktionsmaschinen** von *F. Unger*. 2., erw. Aufl. 142 S., 49 Abb. 1954 *(Bd. 1140)*

**Die komplexe Berechnung von Wechselstromschaltungen** von *H. H. Meinke*. 160 S., 114 Abb. 1949 *(Bd. 1156)*

**Theoretische Grundlagen zur Berechnung der Schaltgeräte** von *F. Kesselring*. 3. Aufl. 144 S., 92 Abb. 1950 *(Bd. 711)*

**Einführung in die Technik selbsttätiger Regelungen** von *W. zur Megede*. 1956. In Vorb. *(Bd. 714/714a)*

**Elektromotorische Antriebe** (Grundlagen für die Berechnung) von *A. Schwaiger*. 3., neubearb. Aufl. 96 S., 34 Abb. 1952 *(Bd. 827)*

**Technische Tabellen und Formeln** von *W. Müller*. 4., verb und erw. Aufl. von *E. Schulze*. 152 S., 105 Fig. 1951 *(Bd. 579)*

**Überspannungen und Überspannungsschutz** von *G. Frühauf*. Durchges. Neudr. 122 S., 98 Abb. 1950 *(Bd. 1132)*

## *Maschinenbau*

**Metallkunde.** Einführendes über Aufbau, Eigenschaften und Untersuchung von Metallen und Legierungen sowie über Grundlagen des Schmelzens, des Gießens, des Verformens, der Wärmebehandlung, der Oberflächenbehandlung, der Verbinde- und Trennarbeiten von *H. Borchers*. 2 Bde.
I: Aufbau der Metalle und Legierungen. 3. Aufl. 120 S., 90 Abb., 2 Tab. 1956. *(Bd. 432)*

**Die Werkstoffe des Maschinenbaues** von *H. Thum* und *C. M. von Meysenbug*. 2 Bde.
I: Einführung in die Werkstoffprüfung. 2., neubearb. Aufl. 100 S., 7 Tab., 56 Abb. 1956. *(Bd. 476)*

**Dynamik** von *W. Müller*. 2 Bde. 2., verb. Aufl.
I: Dynamik des Einzelkörpers. 128 S., 48 Fig. 1952 *(Bd. 902)*
II: Systeme von starren Körpern. 102 S., 41 Fig. 1952 *(Bd. 903)*

**Technische Schwingungslehre** von *L. Zipperer*. 2 Bde. 2., neubearb. Aufl.
I: Allgemeine Schwingungsgleichungen, einfache Schwinger. 120 S., 101 Abb. 1953 *(Bd. 953)*
II: Torsionsschwingungen in Maschinenanlagen. 102 S., 59 Abb. 1955 *(Bd. 961/961a)*

**Werkzeugmaschinen für Metallbearbeitung** von *K. P. Matthes*. 4 Bde.
I: 100 S., 27 Abb., 11 Zahlentaf., 1 Tafelanh. 1954 *(Bd. 561)*
II: Fertigungstechnische Grundlagen der neuzeitlichen Metallbearbeitung. 101 S., 30 Abb., 5 Taf. 1955 *(Bd. 562)*

**Das Maschinenzeichnen mit Einführung in das Konstruieren** von *W. Tochtermann*. 2 Bde. 4. Aufl.
I: Das Maschinenzeichnen. 156 S., 77 Taf. 1950 *(Bd. 589)*
II: Ausgeführte Konstruktionsbeispiele. 130 S., 58 Taf. 1950 *(Bd. 590)*

**Die Maschinenelemente** von *E. A. vom Ende*. 3., verb. Aufl., 166 S., 175 Fig., 9 Taf. 1956. *(Bd. 3/3a)*

**Maschinen der Walz- und Hüttenwerke** von *L. Engel*. 1956. In Vorb. *(Bd. 581)*

**Walzwerke** von *H. Sedlaczek*. 2 Bde. In Vorb. *(Bd. 580 583)*

**Getriebelehre** von *P. Grodzinski*. 2 Bde. 2., neubearb. Aufl.

I: Geometrische Grundlagen. 159 S., 142 Fig. 1953 *(Bd. 1061)*

**Gießereitechnik** von *H. Jungbluth.* 2 Bde.

I: Eisengießerei. 126 S., 44 Abb. 1951 *(Bd. 1159)*

**Die Dampfkessel und Feuerungen einschließlich Hilfseinrichtungen** in Theorie, Konstruktion und Berechnung von *W. Marcard*†. 2 Bde. 2. Aufl. Neubearb. von *K. Beck.*

I: Die theoretischen Grundlagen, Wärme, Verbrennung, Wärmeübertragung. 150 S., 42 Abb., 16 Tab. 1951 *(Bd. 9)*

II: Dampfkessel. 147 S., 43 Abb. 1952 *(Bd. 521)*

**Dampfturbinen,** ihre Wirkungsweise, Berechnung und Konstruktion von *C. Zietemann.* 3 Bde. 3., verb. Aufl.

I: Theorie der Dampfturbinen. 139 S., 48 Abb. 1955 *(Bd. 274)*

II: Die Berechnung der Dampfturbinen und die Konstruktion der Einzelteile. 132 S., 111 Abb. 1956 *(Bd. 715)*

III: Die Regelung der Dampfturbinen, die Bauarten, Turbinen für Sonderzwecke, Kondensationsanlagen. 126 S., 90 Abb. 1956 *(Bd. 716)*

**Transformatoren** von *W. Schäfer.* 2. Aufl., 74 Abb. 1956 In Vorb. *(Bd. 952)*

**Technische Thermodynamik** von *W. Nußelt.* 3 Bde.

I: Grundlagen. 4., verb. Aufl. 144 S., 71 Abb. 1956. *(Bd. 1084)*

II: Theorie der Wärmekraftmaschinen. Neudr. 144 S., 87 Abb., 32 Zahlentaf. 1951 *(Bd. 1151)*

**Autogenes Schweißen und Schneiden** von *H. Niese.* 5. Aufl. Neubearb. von *A. Küchler.* 136 S., 71 Fig. 1954 *(Bd. 499)*

**Die elektrischen Schweißverfahren** von *H. Niese.* 2. Aufl. Neubearb. von *H. Dienst.* 136 S., 58 Abb. 1955 *(Bd. 1020)*

**Hebezeuge.** Entwurf von Winden und Kranen von *G. Tafel.* 2., verb. Aufl. 176 S., 230 Fig. 1954 *(Bd. 414/414a)*

## *Wasserbau*

**Wasserkraftanlagen** von *A. Ludin* u. Mitarb. v. *W. Borkenstein.* 2 Bde.

I: Planung, Grundlagen und Grundzüge. 124 S., 60 Abb. 1955 *(Bd. 665)*

**Verkehrswasserbau** von *H. Dehnert.* 3 Bde.

I: Entwurfsgrundlagen, Flußregelungen. 103 S., 52 Abb. 1950 *(Bd. 585)*

II: Flußkanalisierung und Schiffahrtskanäle. 94 S., 60 Abb. 1950 *(Bd. 597)*

III: Schleusen und Hebewerke. 98 S., 70 Abb. 1950 *(Bd. 1152)*

**Wehr- und Stauanlagen** von *H. Dehnert.* 134 S., 90 Abb. 1952 *(Bd. 965)*

**Talsperren** von *F. Tölke.* 122 S., 70 Abb. 1953 *(Bd. 1044)*

## *Hoch- und Tiefbau*

**Die wichtigsten Baustoffe des Hoch- und Tiefbaus** von *O. Graf.* 4., verb. Aufl. 131 S., 63 Abb. 1953 *(Bd. 984)*

**Baustoffverarbeitung und Baustellenprüfung des Betons** von *A. Kleinlogel.* 2., neubearb. und erw. Aufl. 126 S., 35 Abb. 1951 *(Bd. 978)*

**Festigkeitslehre.** 2 Bde.

I: Elastizität, Plastizität und Festigkeit der Baustoffe und Bauteile von *W. Gehler*† und *W. Herberg.* Durchges. und erw. Neudr. 159 S., 118 Abb. 1952 *(Bd. 1144)*

II: Formänderung, Platten, Stabilität und Bruchhypothesen von *W. Herberg* und *N. Dimitrov.* 187 S., 94 Abb. 1955 *(Bd. 1145/1145a)*

**Grundlagen des Stahlbetonbaus** von *A. Troche.* 2., neubearb. und erw. Aufl. 208 S., 75 Abb., 17 Bemessungstaf., 20 Rechenbeisp. 1953 *(Bd. 1078)*

**Statik der Baukonstruktionen** von *A. Teichmann.* 3 Bde.

I: Grundlagen. 100 S., 51 Abb., 8 Formeltaf. 1956 *(Bd. 119)*

II: Statik bestimmter Stabwerke. 57 Abb., 9 Taf. 1956. In Vorb. *(Bd. 120)*

**Fenster, Türen, Tore aus Holz und Metall.** Eine Anleitung zu ihrer guten Gestaltung, wirtschaftlichen Bemessung und handwerksgerechten Konstruktion von *W. Wickop.* 4., überarb. und erg. Aufl. 155 S., 95 Abb. 1955 *(Bd. 1092)*

**Heizung und Lüftung** von *J. Kör-*

*ting*† und *W. Körting*. 2 Bde. 8., neubearb. Aufl.
I: Das Wesen und die Berechnung der Heizungs- und Lüftungsanlagen. 140 S., 29 Abb., 18 Zahlentaf. 1951 *(Bd. 342)*

II: Die Ausführung der Heizungs- und Lüftunganlagen. 152 S., 165 Abb., 7 Zahlentaf. 1954 *(Bd. 343)*

**Industrielle Kraft- und Wärmewirtschaft** von *F. A. F. Schmidt*. 1956 In Vorb. *(Bd. 318/318a)*

# SAMMLUNG GÖSCHEN / BANDNUMMERNFOLGE

1 Langosch, Der Nibelunge Nôt
3/3a v. Ende, Die Maschinenelemente
9 Marcard-Beck, Dampfkessel I
10 Jiriczek-Wisniewski, Kudrun- und Dietrichepen
13 Lotze, Geologie
19 Altheim, Röm. Geschichte I
20 Hofstaetter-Spree, Dt. Sprachlehre
29 Brauns-Chudoba, Allg. Mineralogie
30 Eckert-Greifendorff-Kleffner, Kartenkunde
31 Brauns-Chudoba, Spez. Mineralogie
35 Treue, Dt. Geschichte von 1648 bis 1740
37 Klemm, Anorganische Chemie
38/38a Schlenk, Organ. Chemie
39 Treue. Dt. Geschichte von 1713 bis 1806
42 Behn, Vorgeschichte Europas
51/51a Ringleb-Bürklen, Mathematische Formelsammlung
59 Krahe, Indogerm. Sprachwiss.
60 Biehle, Stimmkunde
61 Biehle, Redetechnik
66 Berneker-Vasmer, Russische Grammatik
70 Nestle, Griech. Literaturgesch. I
71 Schulze, Allg. u. phys. Chemie I
76 Döring, Einf. i. d. theoret. Physik I
77 Döring, – II
78 Döring, – III
79 Hempel, Gotisches Elementarb.
80 Weigert, Stilkunde I
96 Hartmann, Einf. i. d. allgem. Biologie
101 v. Wiese, Soziologie
103 Dahrendorf, Industrie- und Betriebssoziologie
104/104a Hofstätter, Sozialpsychologie
111 Hoffmann-Debrunner, Gesch. d. griechischen Sprache I
114 Debrunner, Geschichte der griechischen Sprache II
117 Brandenstein, Griechische Sprachwissenschaft I
119 Teichmann, Statik der Baukonstruktionen I
120 Teichmann, - II
125 Vossler, Italienische Literaturgeschichte
128/128a Lausberg, Roman. Sprachwissenschaft I
136 Mahler, Physikalische Formelsammlung
141 Geitler, Morphol. der Pflanzen
142 Haack, Darst. Geometrie I
143 Haack, Darst. Geometrie II
144 Haack, Darst. Geometrie III
145 Weimer, Gesch. der Pädagogik
146 Witting, Repetitorium und Aufgabensammlung zur Differentialrechnung
147 Witting, Repetitorium und Aufgabensammlung zur Integralrechnung
156/156a Landmann, Philosophische Anthropologie
170 Oehlmann, Musik des 19. Jahrhunderts
171 Oehlmann, Musik des 20. Jahrhunderts I
173 Bruhns-Ramdohr, Petrographie
180 Böhm, Versicherungsmath. I
184 Blümcke, Spinnerei und Zwirnerei
196 Mohr, Grundlagen d. Elektrotechnik I
197 Mohr, – II
198 Mohr, – III
200/200a Gottschald, Dt. Rechtschreibungswörterbuch
210 Bruhns-Ramdohr, Kristallographie
220/220a Moser, Allg. Musiklehre

221/221a Jander-Jahr, Maßanalyse
222 Hassak-Beutel, Warenkunde I
223 Hassak-Beutel, — II
226 Hofmann, Geschichte der Mathematik I
228 Vogel, Landw. Tierzucht
238 Krahe, German. Sprachwiss. I
243 Mahler, Physikal. Aufgabensammlung
247 Hoppe, Analytische Chemie I
248 Hoppe, — II
250 Lausberg, Roman. Sprachwissenschaft II
252 Dassler, Elektrochemie I
253 Dassler, — II
256 Haussner, Aufgabensamml. zur analyt. Geometrie der Ebene
257 Humburg, Die Gleichstrommaschine I
264 Lockemann, Geschichte der Chemie I
265/265a Lockemann, — II
270 Kirn, Einführung in die Geschichtswissenschaft
274 Zietemann, Dampfturbinen I
279 Jacob, Quellenkunde der deutschen Geschichte I
280 Jacob, — II
281 Leisegang, Einführung in die Philosophie
284 Jacob-Weden, Quellenkunde der deutschen Geschichte III
318/318a Schmidt, Industrielle Kraft- und Wärmewirtschaft
319 Krug, Australien und Ozeanien
329 Scharrer, Agrikulturchemie I
330/330a Scharrer, — II
335 Braun-Klug, Fette und Öle
336 Braun-Klug, Seifenfabrikation
342 Körting, Heizung und Lüftung I
343 Körting, — II
344 Moser, Musikästhetik
354 Valentiner, Vektoranalysis
355 Neger-Münch, Nadelhölzer
356 Lüdemann, Fische
374 Döring, Einf. in die theoret. Physik IV
375 Preller, Geschichte Englands I
394/394a Schilling, Von der Renaissance bis Kant
414/414a Tafel, Hebezeuge I
422 Gottschald, Dt Personennamen
423 Adler, Fünfstell. Logarithmen
432 Borchers, Metallkunde I
439 Jaeckel, Würmer
440 Jaeckel, Weichtiere
441 Jaeckel, Stachelhäuter
442 Hannemann, Schwämme und Hohltiere
443 Gruner-Deckert, Krebse
444 Reichenow, Protozoen
445 Asmus, Physikal.-chemische Rechenaufgaben
452 Bahrdt-Scheer, Stöchiometrische Aufgabensammlung
469 Werkmeister, Vermessungskunde II
476 Thum-Meysenbug, Die Werkstoffe des Maschinenbaus I
483 Henglein, Lötrohrprobierkunde
492 Stolz-Debrunner, Geschichte der lateinischen Sprache
499 Niese, Autogen. Schweißen
500 Simmel, Hauptprobleme der Philosophie
521 Marcard-Beck, Dampfkessel II
536 Lehmann, Kant
538 Rumpf, Archäologie I
539 Rumpf, — II
557 Nestle, Griechische Literaturgeschichte II
561 Matthes, Werkzeugmaschinen I
562 Matthes, — II
564 Behn, Kultur der Urzeit I
565 Behn, — II
566 Behn, — III
571 Lehmann, Philosophie des 19. Jahrhunderts I
576/576a Moser, Gesangskunst
579 Müller-Schulze, Techn. Tabellen
580 Sedlaczek, Walzwerke I
581 Engel, Maschinen der Walz- und Hüttenwerke
583 Sedlaczek, Walzwerke II
585 Dehnert, Verkehrswasserbau I
589 Tochtermann, Maschinenzeichnen I
590 Tochtermann, — II
594 Lengerken, Insekten
597 Dehnert, Verkehrswasserbau II
601 Mutschmann, Engl. Phonetik
619 Buchwald, Kristalloptik
665 Ludin, Wasserkraftanlagen I
668 Knopp, Funktionentheorie I
677 Altheim, Röm. Geschichte II
691 Fauser, Kulturtechn. Bodenverbesserungen I
692 Fauser, — II
698/698a Schulze, Allgemeine und physikalische Chemie II
703 Knopp, Funktionentheorie II
709 Lehmann, Philosophie des 19. Jahrhunderts II

711 Kesselring, Berechnung der Schaltgeräte
714/714a zur Megede, Einf. in die Technik selbstät. Regelungen
715 Zietemann, Dampfturbinen II
716 Zietemann, — III
718 Neger-Münch, Laubhölzer
728 Pirani, Graph. Darstellung
735 Ekwall, Historische neuengl. Laut und Formenlehre
763/763a Beer-Meyer, Hebräische Grammatik I
764/764a Beer-Meyer, — II
768/768a Bieberbach, Einführung in die konforme Abbildung
781 Weigert, Stilkunde II
786 Schulze, Allgem. und physikalische Chemie III
807 Kropp, Erkenntnistheorie I
809 Moser, Harmonielehre I
826 Koch, Philosophie des Mittelalters
827 Schwaiger, Elektromotorische Antriebe
845 Lehmann, Philosophie im ersten Drittel des 20. Jahrhunderts
847 Herter, Lurche
851 Moede, Psychologie des Berufs- und Wirtschaftslebens
852 Erismann, Allg. Psychologie
856 Quelle, Iberoamerika
857 Capelle, Griech. Philosophie I
858 Capelle, — II
859 Capelle, — III
862 Werkmeister, Vermessungskunde III
863 Capelle, Griech. Philosophie IV
875 Hofmann, Gesch. d. Math. II
877 Knopp, Aufgabensammlung zur Funktionstheorie I
878 Knopp, Gesch. d. Math. II
881 Humburg, Gleichstrommaschine II
882 Hofmann, — III
902 Müller, Dynamik I
903 Müller, — II
910 Jaeger, Afrika I
911 Jaeger, — II
917/917a Böhm, Versicherungsmathematik II
920 Hoheisel, Gewöhnliche Differentialgleichungen
921 Jantzen-Kolb, W. v. Eschenbach
929 Schirmer, Dt. Wortkunde
930 Krull, Elementare und klassische Algebra I
931 Hasse, Höhere Algebra I
932 Hasse, — II
952 Schäfer, Transformatoren
953 Zipperer, Techn. Schwingungslehre I
961/961a Zipperer, Techn. Schwingungslehre II
965 Dehnert, Wehr- und Stauanlagen
970 Baldus-Löbell, Nichteuklid. Geometrie
972 Herter, Tierphysiologie I
973 Herter, — II
978 Kleinlogel, Baustoffverarb. u. Baustellenprüf. des Betons
984 Graf, Die wichtigsten Baustoffe des Hoch- u. Tiefbaus
999/999a Kamke, Mengenlehre
1000 Jaspers, Geistige Situation
1003 Hoheisel, Partielle Differentialgleichungen
1008 Mellerowicz, Allgemeine Betriebswirtschaftslehre I
1009 Bechert-Gerthsen, Atomphysik I
1014 Huttenlocher, Mineral- und Erzlagerstättenkunde I
1015/1015a Huttenlocher, — II
1020 Niese-Dienst, Elektr. Schweißverfahren
1031 Apel, Philosophisches Wörterbuch
1033 Bechert-Gerthsen, Atomphysik II
1034 Kranefeldt, Therapeutische Psychologie
1035 Altheim, Röm. Religionsgeschichte I
1039 Dovifat, Zeitungslehre I
1040 Dovifat, — II
1044 Tölke, Talsperren
1045 Schubert, Technik des Klavierspiels
1051/1051a zu Stolberg-Wernigerode, Gesch. der Verein. Staaten von Amerika
1052 Altheim, Röm. Religionsgeschichte II
1057 Roth, Thermochemie
1059 Hoheisel, Aufgabensammlung zu den gewöhnl. und partiellen Differentialgleichungen
1061 Grodzinski, Getriebelehre I

1065 Haller, Von den Karolingern zu den Staufern
1070 Sauter, Differentialgleichungen der Physik
1078 Troche, Stahlbetonbau
1082 Hasse-Klobe, Aufgabensamml. zur Höheren Algebra
1084 Nußelt, Technische Thermodynamik I
1085 Lietzmann, Zeitrechnung
1086 Müller, Dt. Dichten u. Denken
1088 Preller, Geschichte Englands II
1092 Wickop, Fenster, Türen, Tore
1094 Hernried, System. Modulation
1105 Hartung, Dt. Geschichte im Zeitalter der Reformation
1108 de Boor-Wisniewski, Mittelhochdeutsche Grammatik
1109 Knopp, Elemente der Funktionentheorie
1111 Naumann-Betz, Althochdeutsches Elementarbuch
1113/1113a Strubecker, Differentialgeometrie I
1114 Schubel, Englische Literaturgeschichte I
1115 Ranke, Altnord. Elementarbuch
1116 Schubel, Englische Literaturgeschichte II
1121 Naumann, Dt. Dichten und Denken
1122 Feist, Sprechen u. Sprachpflege
1123/1123a Bechert-Gerthsen, Atomphysik III
1124 Meissner, Englische Literaturgeschichte III
1125 Lehnert, Altengl. Elementarbuch
1127 Hartmann, Geschlecht und Geschlechtsbestimmung im Tier- und Pflanzenreich
1128 Buchner, Symbiose der Tiere mit pflanzl. Mikroorganismen
1130 Dibelius, Jesus
1131 Scholz-Schoeneberg, Einführung in die Zahlentheorie
1132 Frühauf, Überspannungen und Überspannungsschutz
1134 Kuckuck, Pflanzenzüchtung I
1135 Lehnert, Beowulf
1136 Meissner, Englische Literaturgeschichte IV
1137 Heil, Entwicklungsgeschichte des Tier- und Pflanzenreichs
1138 Hämmerling, Fortpflanzung im Tier- und Pflanzenreich
1140 Unger, Induktionsmaschinen
1141 Koller, Hormone
1142 Meissner-Lehnert, Shakespeare
1144 Gehler-Herberg, Festigkeitslehre I
1145/1145a Herberg-Dimitrov, - II
1146 Humburg, Synchrone Maschine
1147 v. Waltershausen, Kunst des Dirigierens
1148 Pepping, Der polyphone Satz I
1151 Nußelt, Technische Thermodynamik II
1152 Dehnert, Verkehrswasserbau III
1153 Mellerowicz, Allgem. Betriebswirtschaftslehre II
1154 Mellerowicz, — III
1155 Schwartz, Mikrobiologie I
1156 Meinke, Kompl. Berechnung der Wechselstromschaltung
1157 Schwartz, Mikrobiologie II
1158 Mayrhofer, Sanskrit-Grammatik
1159 Jungbluth, Gießereitechnik I
1160 Dibelius-Kümmel, Paulus
1161 Kaestner, Spinnentiere
1162 Seidel, Entwicklungsphysiolog. der Tiere I
1163 Seidel, — II
1165/1165a Bechert-Gerthsen, Atomphysik IV
1169 Paulsen, Allgemeine Volkswirtschaftslehre I
1170 Paulsen, — II
1171 Paulsen, — III
1172 Paulsen, — IV

# AUTORENREGISTER

Kolibri 360 GmbH
Ferdinand-Jühlke-Straße 7
99095 Erfurt, Deutschland
produktsicherheit@kolibri360.de